Bob Gibbons

Wildblumen

NATUR

Bob Gibbons

Wildblumen

50 spektakuläre Blütenlandschaften der Welt

Übersetzt von Coralie Wink und Susanne Warmuth

Haupt Verlag
Bern · Stuttgart · Wien

Bob Gibbons, britischer Biologe, Fotograf und Autor, schreibt Bücher und Artikel für verschiedene naturwissenschaftliche Magazine (u. a. *British Wildlife*). Außerdem organisiert er Reisen zu den schönsten Blütenlandschaften der Welt.

Adrian Möhl, studierte an den Universitäten Neuchâtel und Bern Pflanzensystematik und Biogeografie. Er ließ sich zum Wissenschaftlichen Zeichner weiterbilden und wirkte bei verschiedenen Buchprojekten als Illustrator mit. Er ist freischaffender Biologe und Naturpädagoge und ausgezeichneter Kenner der mitteleuropäischen und südafrikanischen Flora.

Rosalind Salter, freischaffende Beraterin für Ökologiethemen, Botanikerin und Autorin mit Spezialgebiet Ostafrika. Sie hat kürzlich ein Buch über die Blumen im Kitulo Nationalpark in Tansania verfasst.

Dr. Chris Grey-Wilson, Botaniker, Autor und Weltenbummler. Er hat mehrere Hundert Bücher und Artikel verfasst und das Magazin der *Alpine Garden Society* herausgegeben. Auf seinen Reisen war er unzählige Male in China.

Ian Green, Besitzer des erfolgreichen Naturreisenveranstalters Green Tours. Er hat schon die ganze Welt bereist und interessiert sich besonders für die Gebiete in Osteuropa und Westasien.

Dr. Andy Byfield, Botaniker, arbeitet für die englische Wohltätigkeitsorganisation *Plantlife*, schreibt Bücher und Artikel, leitet Reisen und designt Gärten. Er lebte viele Jahre in der Türkei, wo er sich mit dem Schutz der Flora beschäftigte.

Die englische Originalausgabe erschien 2011 bei New Holland Publishers unter dem Titel *Wildflowers, Wonders of the World*

Copyright © 2011 New Holland Publishers (UK) Ltd
Copyright © 2012 der Texte und Bilder von Adrian Möhl liegen beim Haupt Verlag, Bern

HERAUSGEBER Simon Papps
REDAKTIONSLEITUNG Beth Lucas
GESTALTUNG Nicola Liddiard
PRODUKTION Melanie Dowland

Aus dem Englischen übersetzt von
Coralie Wink, D-Dossenheim, und Susanne Warmuth, D-Darmstadt
Satz der deutschsprachigen Ausgabe: Die Werkstatt, Göttingen
Umschlag der deutschsprachigen Ausgabe: pooldesign.ch

Bibliografische Information der *Deutschen Nationalbibliothek*
Die Deutsche Nationalbibliothek verzeichnet diese Publikation in der Deutschen Nationalbibliografie; detaillierte bibliografische Daten sind im Internet über http://dnb.d-nb.de abrufbar.

ISBN 978-3-258-07752-9

Alle Rechte vorbehalten.
Copyright © 2012 für die deutschsprachige Ausgabe by Haupt Berne
Jede Art der Vervielfältigung ohne Genehmigung des Verlages ist unzulässig.
Printed in Germany

www.haupt.ch

Umschlag vorne (von oben nach unten):
Blumenreiche Olivenhaine in Andalusien: Bob Gibbons; Große Kreuzblume und Kleines Mädesüß auf einer Magerweide in Ost-Siebenbürgen: Bob Gibbons; Rhätischer Alpenmohn in weißen Schuttfeldern am Lagozuoi: Adrian Möhl

Umschlag hinten:
Oben: Verschiedene Greiskräuter und Vernonien leuchten auf dem Gipfelplateau der Drakensberge: Adrian Möhl; unten: Blütenpracht in der Temblor Range im Carrizo Plain National Monument, Kalifornien, USA: Bob Gibbons

Seite 1: Pyramiden-Hundswurz im Vercors-Massiv, Frankreich.
Seite 3: Farbenfrohe Gebirgsblumen am Mount Rainier.
Seite 5–7: Atemberaubende Blütenpracht in der Temblor Range im Carrizo Plain National Monument, Kalifornien, USA.

Inhalt

VORWORT VON RICHARD MABEY 8

EINLEITUNG 9

EUROPA

Irland
Der Burren, Westirland 12

Großbritannien
Der «Machair» auf den Äußeren Hebriden 14

Lizard-Halbinsel, Cornwall 18

Schweden
Abisko-Nationalpark 20

Öland 24

Estland
Von Osmussar nach Pärnu 28

Frankreich
Vercors-Massiv 32

Écrins-Nationalpark 34

Cevennen und Causses 38

Zentralpyrenäen 42

Spanien
Ordesa und Monte Perdido, spanische Pyrenäen 46

Picos de Europa 48

Sierra de Grazalema, Andalusien 52

Portugal
Cape de São Vicente, Algarve 54

Deutschland
Kaiserstuhl   ADRIAN MÖHL 58

Schweiz
Oberengadin, Kanton Graubünden 62

Zentralwallis: Les Follatères   ADRIAN MÖHL 66

Liechtenstein   ADRIAN MÖHL 70

Österreich
Stubaier Alpen   ADRIAN MÖHL 72

Italien
Dolomiten, Südtirol 74

Gardaseegebiet: Monte Baldo und Monte Tombea 78

Piano Grande, Monti-Sibillini-Nationalpark 82

Gargano-Halbinsel, Apulien 86

Sizilien   ADRIAN MÖHL 90

Slowenien
Julische Alpen 92

Rumänien
Die Magerwiesen und Magerweiden
von Süd-Siebenbürgen 94

Griechenland
Parnass und Delphi 98
Mani-Halbinsel, Peloponnes 102
Lesbos, Ostägäis 104
Westkreta 106

Türkei
Pontisches Gebirge   ANDY BYFIELD 110
Taurus-Gebirge 112

Zypern
Südzypern 116

AFRIKA

Tansania
Nationalpark Kitulo   ROSALIND SALTER 120

Südafrika
Namaqua-Wüste: Goegap und Richtersveld 122
Nieuwoudtville und Bokkeveld 128
Fynbos, Südwestliche Kapprovinz 132
Kleine Karoo   ADRIAN MÖHL 136
Drakensberge   ADRIAN MÖHL 138

ASIEN

Georgien
Großer Kaukasus 140

Iran
Zagros-Gebirge   IAN GREEN 144

Kasachstan
Tienschan-Gebirge   IAN GREEN 146

China
Tibetisches Grasland   CHRIS GREY-WILSON 150
Zhongdian-Plateau   CHRIS GREY-WILSON 152

AUSTRALASIEN

Australien
Kwongan-Heide, Westaustralien 154
Stirling Range, Westaustralien 158

Neuseeland
Gebirge der Südinsel 160

AMERIKA

Kanada
Nationalpark Waterton Lakes 162

USA
Mount Rainier, Washington 166
Carrizo Plain National Monument, Kalifornien 170
Tehachapi Mountains und Antelope Valley, Kalifornien .. 174
Anza-Borrego State Park and Wilderness, Kalifornien 178
Crested Butte, Rocky Mountains, Colorado 182

Chile
Zentralchile – Banos Morales, Yerba Loca
und Los Molles   ADRIAN MÖHL 184

Andere sehenswerte Gebiete 188
Nützliche Websites 189
Reiseveranstalter 192
Literatur 193
Register 194
Bildnachweis 208

VORWORT VON RICHARD MABEY

Überall gibt es Pflanzenschätze im Kleinen – smaragdgrüner Sauerklee auf einem alten Baumstumpf, roter Mohn an einem Feldrain – und überall gibt es andererseits riesige Flächen mit verarmter Pflanzenvielfalt auf abgeweidetem und stark gedüngtem Grünland. In den Regenwäldern finden wir einsame und unzugängliche Pflanzenwunder, und auch ein dichter Bestand an Hasenglöckchen (englische «Bluebell-Woods») zeigt uns, dass sogar eine Monokultur eine zauberhafte Atmosphäre besitzen kann. Diese Orte vermitteln eindringliche, aber begrenzte Eindrücke. Aber hier und dort, vielmehr hier und dann – denn günstige Witterungsbedingungen sind das, was am meisten zählt –, können diese Faktoren zusammenkommen und ein Blütenfeuerwerk auslösen, das gleichzeitig immens, ungeheuer vielfältig und weithin sichtbar ist – tatsächlich ein unvergessliches Erlebnis!

Diese Augenblicke und die Plätze, an denen man diese Blütenfülle am häufigsten erleben kann, sind das Thema dieses Buchs. Der namhafte Fotograf Bob Gibbons stellt sie uns in einer Porträtsammlung über die Blütenlandschaften der Welt vor, von den weiten Hängen der kalifornischen Carrizo Plains, die mit einem Teppich aus violetten, orangegoldenen und gelben Blüten überzogen sind, bis zu den kargen Kalksteinfelsen des türkischen Taurus-Gebirges. Diese Gebirgslandschaft in Anatolien bietet uns kontrastierende Nuancen des Blütenreichtums: intensiv, auf das Wesentliche gebracht und perfekt platziert – Großblütige Schneeglöckchen zwischen weißen Felsblöcken und Türkische Winterlinge soweit das Auge reicht, direkt am Rand der Schneeflächen.

Ein Urteil über einen außergewöhnlichen Blütenreichtum ist natürlich in irgendeiner Weise immer subjektiv. Schiere Farbintensität, Vielfalt, Formen, Farbmischungen, – alle haben etwas für sich. Da Bob Gibbons auf viele Jahrzehnte der Erfahrung zurückblickt, hat er ein besonderes Gefühl dafür entwickelt, nicht nur Wesen und Schönheit von Einzelblüten einzufangen, sondern die komplizierten Details und Bezüge einer blühenden Landschaft zu erfassen, und daher das Recht erworben, seine eigene Sicht zum Maßstab zu machen. Er besitzt ein Auge für die genauen und farbintensiven Details, die Renaissancegemälde auszeichnen.

Und zum «blütenreichsten Ort der Welt» kürt er einen realen Schauplatz, der aus einem mittelalterlichen Stundenbuch stammen könnte, das bunte Blumenparadies der Wiesen am Mount Rainier (Washington State, USA). Gibbons gibt der Landschaft genau so viel, wie er dankbar nimmt: den frühmorgendlichen Besuch, um den Tau auf den Blüten einzufangen, sodass die Lupinen wie frisch aufgeblüht aussehen; die aufrechten Samenstände von Küchenschellen wirken auf seiner Fotografie wie Miniatur-Maibäume über der Blütenpracht. Wie ein warmer Segen breitet sich der Blütenteppich vor den Hängen des Mount Rainier aus. Hier treffen die langen Prozesse der Evolution und die Vorstellungsgabe, eines Menschen, der sich lange damit beschäftigt hat zu einem erhebenden Moment zusammen, der sehr viel über unsere Welt und unser Verständnis von der Schönheit der Natur aussagt.

EINLEITUNG

Im Mittelpunkt dieses Buches sollen Pracht und Schönheit der Wildblumen in aller Welt stehen. Heute ist so oft vom Verschwinden der Natur die Rede – nicht zu Unrecht, denn wir haben in den letzten Jahrzehnten unglaublich viel zerstört –, aber meine Absicht war es, die blütenreichsten und beeindruckendsten noch verbliebenen Blumenlandschaften aufzusuchen und in Wort und Bild zu dokumentieren.

Allerdings lässt sich der Begriff «blütenreich» nicht einfach definieren. Im Wesentlichen handelt es sich um eine Auswahl von Orten, die für mich ganz persönlich zu den spektakulärsten, einladendsten und lohnendsten gehören. Auswahlkriterium war neben der außergewöhnlichen Schönheit und Artenvielfalt auch die Erreichbarkeit des jeweiligen Gebiets. Viele Bereiche des tropischen Regenwalds (vor allem in Südamerika und Südostasien) besitzen wohl eine ungeheure Artenfülle, bieten aber – bedingt durch ihre Struktur und das Fehlen einer kurzen, intensiven Blütezeit – für die Nicht-Spezialisten keine wirklichen Höhepunkte und wurden daher nicht berücksichtigt. Dann wieder gibt es eine Reihe von Plätzen, die ihre Blütenpracht lediglich einer oder zwei Pflanzenarten verdanken – zum Beispiel die englischen «Bluebell-Woods» (Hasenglöckchen-Vorkommen), Bergwiesen mit wilden Narzissen oder Heideflächen. Sie wurden, wenn überhaupt, nur als Teil eines größeren Gebiets aufgenommen. Auch auf sehr kleine Standorte habe ich verzichtet; denn die meisten der hier vorgestellten Plätze bieten, wenn man zum richtigen Zeitpunkt kommt, genug für einen mindestens mehrtägigen, oft sogar einwöchigen oder längeren Besuch.

Spezialreiseveranstalter bieten Touren zu vielen dieser Gebiete an; im Anhang (siehe Seite 192) habe ich eine Auswahl aufgeführt, ferner einige nützliche Websites und weitere sehenswerte Gebiete.

Diese wunderbaren Orte gehören zu unseren kostbarsten Schätzen: Genießen Sie sie und gehen Sie sorgsam damit um.

Oben Die blauen Blüten des Himmelsherolds *(Eritrichium nanum)* im Engadin, Schweiz.

Unten Frühjahrsblüte im Namaqua-Nationalpark in Südafrika.

Warum gibt es mancherorts so viele Wildblumen?

Oben Klebrige Schlüsselblume *(Primula glutinosa)*, hier in 3000 m Höhe in der Schweiz.

Gegenüber, oben Spektakuläre Gebirgsflora bei Crested Butte (Colorado, USA).

Gegenüber, unten Westamerikanische Lütkea *(Luetkea pectinata)*, Lupinen *(Lupinus* sp.) und Indianerpinsel *(Castilleja* sp.) am Mount Rainier (Washington, USA).

Manche Regionen besitzen einen besonderen Reichtum an Wildblumen, andere hingegen nicht; doch warum das so ist, lässt sich nicht mit einem Satz beantworten. Es spielen immer mehrere Faktoren eine Rolle, zwei sind allerdings besonders wichtig: die Natur selbst und der Mensch mit seinem Wirken und Walten.

Das Pflanzenkleid der Erde wird seit sehr langer Zeit nachhaltig vom Menschen beeinflusst. Häufig hat dies zu einer Verarmung der Pflanzenvielfalt geführt, insbesondere in Gebieten mit Ackerbau, intensiver Beweidung oder Forstwirtschaft (und selbstverständlich in erschlossenen und bebauten Gebieten, wo wenig Natürliches übrig bleibt). Zweifellos wäre der Reichtum an Wildblumen ohne die massiven Eingriffe des Menschen in vielen Teilen der Welt größer, vor allem in den bevölkerungsreichsten und den am stärksten besiedelten Regionen. Umgekehrt hat die Menge an Wildblumen in manchen Gebieten durch das Eingreifen des Menschen sogar zugenommen, und zwar nicht nur dort, wo Naturschutzgebiete oder Nationalparks eingerichtet wurden. Die traditionelle Landwirtschaft kann beispielsweise ungeheuer blütenreiche Landschaften hervorbringen, vor allem wenn eine Weidewirtschaft ohne Dünger und Pestizide betrieben wird. Typische Beispiele sind die Graslandschaften von Siebenbürgen (Transilvania) in Rumänien oder der Machair auf den Äußeren Hebriden in Schottland; beide Gebiete werden seit Generationen nachhaltig und extensiv bewirtschaftet. Die langjährige Weidewirtschaft in den Hochgebirgen hat zu fast unmerklichen Veränderungen im Bereich der Baumgrenze geführt und den Bereich der alpinen Matten vergrößert. Da das Gelände so abgelegen und unwegsam ist, werden diese hoch gelegenen Flächen nur selten intensiv genutzt und die dortigen Hochweiden besitzen oft eine fantastische Blütenfülle, zum Beispiel in der Türkei und in den Alpen.

Für die spektakulärsten Blumenschauen ist der wichtigste Faktor die Zeit: Die Blüte konzentriert sich meistens nur auf ein kleines Zeitfenster, in dem sich die herrlichsten Blumenteppiche entfalten. Dies schließt die meisten tropischen Gebiete aus, da die Jahreszeiten dort zu wenig ausgeprägt sind, um einen wirklichen Blütenhöhepunkt zuzulassen. Der beste Blütenflor entwickelt sich, wenn ein heißer trockener Sommer auf einen feuchten oder kalten Winter folgt oder der Schnee nach einem langen schneereichen Winter erst zum Hochsommer hin schmilzt.

Heiße trockene Sommer, die auf feuchte Winter folgen, sind das typische Merkmal eines mediterranen Klimas, wie es rund ums Mittelmeer, ferner in Kalifornien, Chile, Südafrika und im westlichen Australien vorkommt. Je nach Breitengrad, Höhenlage und anderen lokalen Faktoren variiert die Blüte, was Zeitpunkt und Intensität angeht. Im typischen Fall kommt es auf der Nordhalbkugel von Ende März bis Anfang Mai zu einem Blütenhöhepunkt, der auf der Südhalbkugel von Ende August bis Anfang Oktober stattfindet, bevor Sommerhitze und -trockenheit den Pflanzen zu schaffen machen. Wenn das Klima schon zur Halbwüste oder Wüste tendiert – wie in Südkalifornien oder im nördlichen Namaqualand –, ist die Blüte unter Umständen sehr intensiv und kurzlebig. In diesen Regionen hängt fast alles vom Winterregen ab, der oft von der Menge nicht für eine gute Blütensaison ausreicht. An diesen Orten sind manche Jahre erstaunlich üppig, andere nicht der Rede wert.

In vielen Regionen sind schneereiche Winter die Regel, doch bei Weitem nicht all diese Gebiete zeichnen sich durch sommerlichen Blütenreichtum aus (selbst dann, wenn die natürlichen Habitate noch erhalten sind). Der entscheidende Faktor ist anscheinend eine intensive, kurze sommerliche Vegetationsperiode; diese ergibt sich vor allem, wenn der Winter schneereich ist und die Schneedecke bis in den Juni oder Juli liegen bleibt. Auf dem Mount Rainier in der Kaskakdenkette und in Teilen der Rocky Mountains kommt es zwischen der Schneeschmelze und dem zeitigen Herbstbeginn zu einer besonders intensiven Sommerblüte. Eine ähnliche Situation kann sich entwickeln, wenn auf einen schneereichen Winter rasch ein trockener Sommer folgt, so wie auf der Insel Öland in Schweden, wo sich die Blüte auf eine kurze Zeitspanne im Mai und Anfang Juni konzentriert, bevor die flachgründigen Kalksteinböden austrocknen.

An all diesen Orten spürt man förmlich die Hast, Blüte, Bestäubung und Fruchtreife zu vollenden – auch die Insekten, Vögel und anderen Tiere dieser Lebensräume entwickeln eine hektische Geschäftigkeit. In Halbwüsten, wo noch weniger vorherzusehen ist, wann die Blüte explosionsartig einsetzt, sind die Blütenfarben oft ungeheuer intensiv, um so die begrenzte Anzahl bestäubender Tiere (meistens Insekten) anzulocken. Denn häufig können die Insektenpopulationen in dieser Situation nicht mit dem rasanten Wachstum der Pflanzen Schritt halten. Blüten haben jedoch neben einer auffälligen Blütenfarbe noch andere Lockmittel entwickelt; ein Beispiel ist die «Sexualtäuschung» bei *Gortenia diffusa* im Namaqualand, deren Blüten weibliche Fliegen imitieren und so die männlichen Fliegen als Bestäuber anlocken.

Erstaunlicherweise wirkt sich der geologische Untergrund eines Geländes vergleichsweise wenig auf die Intensität der Blüte aus. Kalkböden, die bei allen Botanikern wegen der meist seltenen und orchideenreichen Flora beliebt sind, scheinen zu überwiegen. Doch es gibt auch viele gute Standorte mit einem Untergrund aus Granit, Vulkangesteinen, Sandstein, kristallinem Schiefer oder sogar reinem Sand.

Letztendlich spielt es keine Rolle, welche Faktoren für die Einzigartigkeit eines bestimmten Standorts verantwortlich sind. Man sollte es als Privileg empfinden, diese Orte zum Höhepunkt der Blütezeit erleben und ihre Schönheit genießen zu dürfen.

Der Burren, Westirland

IN KÜRZE

Ort | Westküste von County Clare, südlich der Bucht von Galway.

Attraktionen | Wunderbare Frühjahrs- und Frühsommer-Flora in einer grandiosen geschichtsträchtigen Landschaft; erstaunliches Nebeneinander von Pflanzenarten.

Reisezeit | Von Ende April bis September interessant, beste Zeit jedoch von Mitte Mai bis Mitte Juni.

Schutzstatus | Ein kleiner Teil (1500 ha) ist Nationalpark mit Naturschutzgebieten; ein Großteil der Karrenfelder und orchideenreichen Magerweiden sind inzwischen Teil des EU-weiten Natura-2000-Netzwerks.

Gegenüber, oben Dieses Strauch-Fingerkraut wächst in einer Felsspalte auf den Karstflächen von Mullagh Mor.

Gegenüber, unten Typisches Steinfeld im höheren Teil des Burren, vorherrschend sind Silberwurz und Männliches Knabenkraut.

Eine eigenartige Stimmung prägt den Burren – diese wunderbare und merkwürdige Gegend steckt voller Widersprüche. Die weißgraue Karstlandschaft ist karg und rau, doch gleichzeitig zart und betörend, reich an prähistorischen Steindenkmälern, durchzogen von alten Steinmauern, Sträßchen und Triftwegen. Auf den ersten Blick – Ödnis, Mondlandschaft, kaum eine Pflanze. Doch bereits ein paar Meter neben der Straße stehen Sie plötzlich inmitten von Blumen, die an den unmöglichsten Stellen aus Ritzen und Fugen wachsen. Die Landschaft ist ein Mosaik aus verborgenen Ecken, versteckten Gebüschen, alten Bauwerken und seltenen Pflanzen. Seen erscheinen und verschwinden fast über Nacht, Wälder erreichen nur Mannshöhe – und wo sonst in unseren gemäßigten Breiten ziehen Rinder zur Winterweide auf die Höhen und kehren im Sommer ins Tiefland zurück?

Das Herz des Burren ist ein großes Massiv aus karbonischen Kalken, das sich bis zur Küste von County Clare (an der Südküste der Galway-Bucht) erstreckt und westwärts die vorgelagerten Aran-Inseln umfasst – insgesamt ein Gebiet von etwa 350 km². Die ganze Gegend war einst stark vereist und nach dem Abtauen blieb eine karge und nackte Felslandschaft übrig, die stark zerklüftet ist. Sie ist von weiten Flächen mit «nacktem» Karst geprägt, dessen Karrenfelder aus großen flachen Blöcken (Flachkarren, «Clints») und tiefen Spalten, den sogenannten Kluftkarren («Grykes» oder «Scailps»), bestehen. In diesen Spalten wächst eine Fülle von Pflanzenarten, zum Teil sogar Waldpflanzen, während sich auf den Clints nur dort, wo eine dünne Bodendecke entstanden ist, Pflanzen ansiedeln konnten. Doch wo die Felsbrocken aufgelesen und zu Steinmauern aufgeschichtet wurden, können sich Wiesen mit Unmengen von gelben Frühlings-Schlüsselblumen (*Primula veris*) und zahllosen anderen Blumen entwickeln.

Zwei Dinge zeichnen den Burren besonders aus: Erstens fällt auf, dass alle Pflanzenarten, die hier vorkommen, in ungeheurer Fülle gedeihen – da sind die Scharen des Männlichen Knabenkrauts (*Orchis mascula*), die Gruppen des strahlend blauen Frühlings-Enzians (*Gentiana verna*), lange Felsspalten mit rosarotem Blut-Storchschnabel (*Geranium sanguineum*), prächtige Bestände des Strauch-Fingerkrauts (*Dasiphora fruticosa*), feuchte Grasböschungen mit zartviolettem Großblütigem Fettkraut (*Pinguicula grandiflora*) oder Hänge, die dicht an dicht mit der weißen Silberwurz (*Dryas octopetala*) bestanden sind. Zum Zweiten kommen die Pflanzen hier in ganz ungewöhnlicher Artenzusammensetzung vor: Pflanzen aus dem Mittelmeerraum, wie Gefleckte Waldwurz (*Neotinea maculata*) oder das Graue Sonnenröschen (*Helianthemum canum*) wachsen direkt neben arktischen Besonderheiten wie Silberwurz oder einer besonderen Unterart des Norwegischen Sandkrauts (*Arenaria norvegica* subsp. *norvegica*), aber auch neben alpinen Arten wie dem Frühlings-Enzian. Diese Kombinationen findet man nur hier!

Die Besonderheiten des Burren sind komplexer Natur: Es ist ein Zusammenspiel zwischen dem durchlässigen Kalkstein-Untergrund, den Eiszeiten, der langen Geschichte von Besiedlung und Urbarmachung durch den Menschen und dem milden, doch gleichzeitig rauen Atlantikklima, dessen Temperaturen im Jahreslauf nur relativ wenig schwanken.

Im Winter treten die Niederschläge in höheren Lagen auf – daher treibt man das Vieh zur Winterweide auf höher gelegenes Gelände und bringt es im Sommer auf die tiefer gelegenen Weiden. Die fehlende Beweidung im Frühling und Sommer auf den höher gelegenen Flächen führt zu einer wahren Explosion der Blüten und Farben. Diese Nutzungsform ist heute allerdings durch den Rationalisierungsdruck in der Landwirtschaft bedroht, vor allem durch den EU-weiten Trend zur Gleichförmigkeit.

Die besten Gebiete liegen an der Atlantikküste bei Black Head und Poulsallagh (gegenüber von den Aran-Inseln) und im kleinen Nationalpark-Schutzgebiet bei Mullagh Mor; doch Ende Mai ist fast jeder Ort einen Besuch wert.

EUROPA | GROSSBRITANNIEN

Der «Machair» auf den Äußeren Hebriden, Schottland

IN KÜRZE

Ort | Typischste Ausprägung an der Westküste der Äußeren Hebriden, vor allem auf North und South Uist.

Attraktionen | Nichts Vergleichbares. Spektakuläre Blütenfülle; zahlreiche Vögel; grandiose, wilde Landschaft.

Reisezeit | Beste Blütezeit von Ende Juni bis Ende Juli, doch von Mitte April an lohnend.

Schutzstatus | Die besten Gebiete besitzen SSSI-Status (Site of Specific Scientific Interest) und sind international geschützt; einige Flächen sind gezielt betreute Naturschutzgebiete.

Die nordwestlichen Küsten der Britischen Inseln sind wild, windig und von einer rauen Schönheit; oft sind sie der vollen Gewalt der Atlantikstürme ausgesetzt, die vom Westen hereinfegen. Die Strände sind an vielen Stellen grellweiß und bestehen aus fein gemahlenem Quarzsand und Muschelsand. Wegen des hohen Muschelanteils können diese Sande sehr kalkhaltig sein. Vielerorts wird der Sand durch die Stürme bis ins Landesinnere verfrachtet, sodass die eigentlich sauren Torfböden kalkhaltiger, trockener und manchmal auch fruchtbarer werden. Diese Flächen wurden über Jahrhunderte von den dortigen Kleinbauern extensiv bewirtschaftet; sie bauten auf den Feldern von Zeit zu Zeit Kartoffeln oder Getreide an, doch dazwischen lagen die Flächen einige Jahre brach. In diesen Brachejahren entwickelt sich dort eine erstaunliche Blütenfülle; seltene und häufige Arten, einjähre, zweijährige und mehrjährige Pflanzen mischen sich zu einem bunten Teppich und blühen in dem kühlfeuchten Meeresklima über Monate.

Der gälische Begriff Machair wird teils im engeren Sinn auf diese sporadisch bewirtschafteten Flächen angewandt, teils wird damit auch die stabileren Dünengrasflächen auf der seewärtigen Seite und die weniger gestörten Torfböden im unmittelbaren Binnenland bezeichnet. Typisch für den gesamten Lebensraum ist eine herrliche, artenreiche Wildblumenflora: Das Spektrum reicht von einer besonderen Unterart des Gefleckten Knabenkrauts (*Dactylorhiza maculata* subsp. *ericetorum*), verschiedenen Sonnentau-Arten (*Drosera* spp.) und Beinbrech (*Narthecium ossifragum*) auf den feuchten und sauren Standorten bis zur Echten Mondraute (*Botrychium lunaria*) und der Kriechenden Hauhechel (*Ononis repens*) auf den kalkreichsten und trockensten Standorten. Wirklich besonders sind jedoch die dazwischen

Rechts Ein Sandregenpfeifer *(Charadrius hiaticula)* im Brutkleid.

Gegenüber Die Blütenpracht des Machair bei Stillingary mit Ben More im Hintergrund; Wiesen-Klee, Echtes Labkraut und andere bunte Arten prägen das Bild.

liegenden Kultur-/Brachflächen, denn sie sind ein einzigartiger Lebensraum. Dieser ist aus dem Zusammenspiel eines extremen Klimas und der physischen Gegebenheiten entstanden, zu denen sich eine ungewöhnliche Form der Landnutzung gesellt hat.

Im Machair gleicht kein Platz dem anderen, an den meisten Stellen findet sich ein reichhaltiges, wandelbares Artenspektrum, häufig mit einigen der folgenden Pflanzen, die farblich den «Ton» angeben: der sattrote honigduftende Wiesen-Klee *(Trifolium pratense)*, die dichten gelben Rispen des Echtes Labkrauts *(Galium verum)*, helle Teppiche mit Weiß-Klee *(Trifolium repens)*, die blauvioletten Blütenstände der Vogel-Wicke *(Vicia cracca)*, die dunkelviolette Gewöhnliche Braunelle *(Prunella vulgaris)*, die ausgefransten rosaroten Blüten der Kuckucks-Lichtnelke *(Lychnis flos-cuculi)* oder die goldgelben Polster des Gewöhnlichen Hornklees *(Lotus corniculatus)*. Manchmal sind größere Flächen von einer Art dominiert, hier von den orangegelben Blüten der Saat-Wucherblume *(Chrysanthemum segetum)*, dort von

Rechts Ein bunter, artenreicher Machair in Howmore auf South Uist.

Gegenüber Überall dort, wo der Boden kürzlich bearbeitet wurde, treten in den Folgejahren besonders Ackerunkräuter wie die Saat-Wucherblume in Massen auf.

scharlachrotem Klatsch-Mohn *(Papaver rhoeas)* oder gelben und weißen Hundskamillen *(Anthemis* spp.). An einigen Stellen sind die blauen und gelben Blüten des Gewöhnlichen Stiefmütterchens *(Viola tricolor)* häufig; andernorts wachsen große Mengen an Knabenkräutern, zum Beispiel *Dactylorhiza hebridensis, Dactylorhiza ebudensis* sowie eine weinrote Form des Fleischfarbenen Knabenkrauts *(Dactylorhiza incarnata)*, oder andere auffällige, aber seltene Pflanzenarten. Es ist eine erstaunliche und farbenfrohe Pflanzenmischung.

Der Machair ist gleichzeitig das Brutgebiet vieler Vögel; für einige Arten, wie Alpenstrandläufer *(Calidris alpina)* und Sandregenpfeifer *(Charadrius hiaticula)*, sind die Bestandszahlen so hoch wie kaum sonst in der Welt. Auch Deichhummeln *(Bombus distinguendus)* sind häufiger als andernorts, vor der Küste leben Kegelrobben *(Halichoerus grypus)* und Seehunde *(Phoca vitulina)*, und in den strandnahen Seetangwiesen jagen Fischotter *(Lutra lutra)*. Eine einzigartige und bezaubernde Gegend!

Machair-Habitate haben sich an der Westküste von Irland und Schottland an vielen Stellen ausgebildet; die besten Gebiete befinden sich jedoch auf den Inseln vor der Nordwestküste von Schottland – überall dort, wo der Atlantik ungehindert auf flache oder leicht geneigte Küstenabschnitte einwirken kann und die Kräfte von Wind und Wasser nicht durch vorgelagerte Inseln oder Landspitzen abgeschwächt werden. Seine schönste Ausprägung erreicht der Machair auf den Äußeren Hebriden, so auf den Inseln Barra, South Uist, North Uist, Harris und Lewis; besonders lohnend sind die Gebiete um das Vogelschutzgebiet von Balranald auf North Uist und fast die gesamte Westküste von North und South Uist.

Lizard-Halbinsel, Cornwall

IN KÜRZE

Ort | Südcornwall, südlich von Helston und Falmouth.

Attraktionen | Wunderbare Frühlingsflora von Küstenblumen in ursprünglicher Landschaft; viele Seltenheiten; großartige Heideblüte im Spätsommer; Küstenvögel, gute Gezeitentümpel.

Reisezeit | Besonders blütenreich von Mitte April bis Mitte Mai, dann nochmals von Ende Juli bis Ende August; ganzjährig lohnend sind die Niederen Pflanzen (Nicht-Blütenpflanzen) und die grandiose Küstenlandschaft.

Schutzstatus | Große Teile der Halbinsel sind als Naturschutzgebiete ausgewiesen oder im Besitz des National Trust; weitere Gebiete besitzen SSSI-Status (Site of Specific Scientific Interest).

An der Westküste von England und Wales gibt es zahlreiche Stellen mit wunderbarer Frühlingsflora im April und Mai. Doch die Lizard-Halbinsel bietet nicht nur üppige Vorkommen der häufigen Arten, sondern beherbergt dazu besonders viele seltene Arten und diese oft in erstaunlicher Fülle.

«The Lizard» ist der südlichste Punkt des britischen Festlands, die Halbinsel hat die höchste mittlere Jahrestemperatur der Insel und die Niederschlagsmengen sind relativ gering. Auch geologisch fällt The Lizard aus dem Rahmen: Zum einen beherbergt die Halbinsel das größte exponierte Serpentinitvorkommen in Großbritannien, das mehr als 60 km² umfasst. Auf Serpentinit entwickeln sich relativ unfruchtbare, flachgründige Böden, die zwar meistens keine intensive Landwirtschaft erlauben, wo aber etliche, andernorts seltene Pflanzenarten gedeihen. Zum Anderen sind die geologischen Verhältnisse komplex und bieten mit kristallinen Schiefern, Gneis, Gabbro, Geröllen, Sedimentgesteinen und anderen Gesteinsarten geeignete Lebensbedingungen für eine Vielfalt an Pflanzenarten.

Wenn Sie die schönste Küstenflora im Frühling erleben wollen, steuern Sie entweder Mullion Cove an und wandern von dort südwärts oder Sie begeben sich nach Lizard Point. In guten Jahren sind die farbenfrohen Blütenteppiche im April und Anfang Mai dort wirklich fantastisch: blaue Bänder des Gemeinen Hasenglöckchens *(Hyacinthoides non-scripta,* eigentlich eine Waldpflanze, in Südwestengland aber häufig auf Küstenfelsen), zartgelbe Stängellose Schlüsselblumen *(Primula vulgaris),* rosafarbene Polster der Strand-Grasnelke *(Armeria maritima),* weiße Margeriten *(Leucanthemum vulgare)* und Klippen-Leimkraut *(Silene uniflora),* Echter Wundklee *(Anthyllis vulneraria* subsp. *vulneraria,* meist in der üblichen gelben, manchmal auch in der roten oder weißen Form), schließlich Rote Lichtnelke *(Silene dioica)* und Wilde Möhre *(Daucus carota* subsp. *maritimus).* Auch die selteneren Arten sind manchmal lokal bemerkenswert häufig, so zum Beispiel der gelbe Behaarte Ginster *(Genista pilosa)* oder das Kleine Knabenkraut *(Orchis morio),* blassblaue Frühlings-Blausterne *(Scilla verna)* oder der rosarote Blut-Storchschnabel *(Geranium sanguineum).* Doch in letzter Zeit breiten sich auch invasive Arten wie Dreikantiger Lauch *(Allium triquetrum)* und verschiedene Mittagsblumengewächse *(Aizoaceae)* immer stärker aus; diese sind zwar hübsch anzusehen, verdrängen anscheinend aber einen Teil der heimischen Flora.

Botanisch besonders lohnend ist die Gegend um Kynance Cove und in südlicher Richtung zum Lizard Point hin. Hier gibt es zahlreiche seltene Arten, was auch in einer Anekdote über den «Hattrick» eines Amateurbotanikers aus dem 19. Jahrhundert zum Ausdruck kommt. Dieser Reverend C. Johns warf seinen Hut auf ein Wiesenstück und konnte daraufhin unter dem Hut sechs verschiedene Kleearten *(Trifolium* spp.) und etliche andere Pflanzenarten bestimmen. Tatsächlich gilt dieses Gebiet als das «Kleeparadies» von Großbritannien – in einem Tal wurden sogar 14 verschiedene *Trifolium*-Arten gezählt. Dieser Küstenabschnitt beherbergt etliche weitere Besonderheiten, wie Französischen Stechginster *(Ulex gallii),* Besenginster *(Cytisus scoparius),* Schnittlauch *(Allium schoenoprasum),* Weiße Sommerwurz *(Orobanche alba),* wilden Gemüse-Spargel *(Asparagus officinalis)* und Römische Kamille *(Chamaemelum nobile).* Ganz anderen Charakter besitzt das Plateau der Lizard-Halbinsel mit ausgedehnten Heideflächen, die zum größten

LIZARD-HALBINSEL, CORNWALL

Teil als nationales Naturschutzgebiet geschützt und betreut werden. Hier gibt es im Frühling und Sommer fast immer Interessantes zu sehen, doch erst im Spätsommer haben die Heideflächen ihren wirklichen Auftritt: So weit das Auge reicht, erstreckt sich hier das größte (und fast einzige) Vorkommen der Cornwall-Heide *(Erica vagans)* in Großbritannien. Häufig bildet sie im Zusammenspiel mit Grauer Glockenheide *(Erica cinerea)*, Heidekraut *(Calluna vulgaris)* und Französischem Stechginster *(Ulex gallii)* ein vielfältiges Mosaik aus rosa, purpurnen und gelben Farben.

Auch außerhalb der normalen Blütensaison ist The Lizard mit seinen dramatischen Steilküsten, wo Unmengen von Flechten und andere Niedere Pflanzen (Nicht-Blütenpflanzen) vorkommen, fast immer einen Besuch wert.

Links Küstenflora an den Steilfelsen über Mullion Cove; im Mai blühen Strand-Grasnelke, Klippen-Leimkraut, Gemeines Hasenglöckchen und Echter Wundklee.

Unten Frühlings-Blaustern und Echter Wundklee im Gras an der Steilküste.

EUROPA | SCHWEDEN

Abisko-Nationalpark

IN KÜRZE

Ort | Im äußersten Nordwesten Schwedens, nahe der norwegischen Grenze, zwischen Kiruna und Narvik.

Attraktionen | Eine der besten Möglichkeiten, die arktische Tundra in Blüte zu sehen, mit vielen Besonderheiten des hohen Nordens; guter Querschnitt durch die arktische Vogelwelt; Elche, Rentiere, Kultur der Samen (Lappen).

Reisezeit | Hängt von der Schneehöhe ab, am besten zwischen Mitte Juni und Mitte Juli.

Schutzstatus | Der 77 km² große Abisko-Nationalpark ist das Kernstück, aber auch die Gebiete nördlich und westlich davon sind von Interesse.

Die Stadt Abisko liegt nördlich des Polarkreises. Hier kann es extrem kalt werden. Man bekommt schon einen Vorgeschmack auf die Arktis und ihre Tundrenflora, aber noch unter relativ zivilisierten Bedingungen. Der Ort ist mit dem Auto, dem Zug und sogar mit dem Flugzeug (über das nahe gelegene Kiruna) leicht erreichbar. Weiter nördlich, vor allem auf der norwegischen Seite, erstrecken sich weite, noch völlig unberührte Tundrengebiete, doch Abisko hat – außer seiner guten Erreichbarkeit – einen großen Vorteil: Hier findet man neben den in der Arktis weit verbreiteten Arten besonders viele seltenere Blumen.

Die Winter sind sehr kalt, gleichzeitig ist die Region die trockenste in ganz Schweden, mit einem durchschnittlichen Jahresniederschlag von 300 mm. Der Nationalpark liegt im Regenschatten der umgebenden Gebirge, und die Sommertage sind hier nicht nur extrem lang, sondern oft auch trocken und sonnig. Die Geologie ist komplex und vielfältig, zum Beispiel kommen hier auch Tonschiefer und Dolomit vor, und aus vielen der Gesteine entwickeln sich kalkhaltige Böden.

Die kalten arktischen Regionen bieten keine so große Vielfalt wie südlichere Gefilde, trotzdem kann Abisko mit einigen wunderschönen Plätzen aufwarten, an denen viele seltene oder ungewöhnliche Pflanzenarten gedeihen. Eine ganze Palette besonderer Pflanzen findet man dort, wo sich der Abiskojåkka durch den harten Kalkschiefer gegraben hat.

Die Kalkheiden sind ausgesprochen blütenreich. Hier findet man Matten aus Silberwurz *(Dryas octopetala)*, Preiselbeere *(Vaccinium vitis-idaea)*, einem Wintergrün *(Pyrola norvegica)*, der winzigen *Campanula uniflora*, dem leuchtend blauen Schnee-Enzian *(Gentiana nivalis*, eine der wenigen einjährigen Pflanzen, die unter diesen schwierigen Bedingungen gedeiht), mehreren Zwergweiden *(Salix* spp.), ein paar kleinen Augentrost-Arten *(Euphrasia* spp.) und einigen Orchideen, wie Mücken-Händelwurz *(Gymnadenia conopsea)*, Weißzüngel *(Leucorchis albida)* und Grüner Hohlzunge *(Coeloglossum viride)*. Auch zwei Schuppenheiden *(Cassiope* spp.) mit ihren zarten weißen oder rosa Glockenblüten kommen hier vor, außerdem – als einzigem Standort in Schweden – die seltene *Platanthera oligantha*, eine Waldhyazinthen-Art.

Die tiefer gelegenen Hänge des Kalksteingebirges, etwa am Nuolja, bringen eine überraschend üppige und farbenprächtige Flora hervor, vor allem Wald-Storchschnabel *(Geranium sylvaticum)*, Echte Engelwurz *(Angelica archangelica)*, Euro-

Gegenüber Der winzige Schwedische Hartriegel blüht hier manchmal in Massen.

Unten In diesen Breiten sind die Wälder licht und die Böden mit blühendem Wald-Storchschnabel und Wolfs-Eisenhut bedeckt.

Gegenüber In der Schlucht des Abiskojåkka ist eine ganze Reihe seltener Blumen zu Hause.

Links Ein knallgelber Fetthennen-Steinbrech *(Saxifraga aizoides)* in der Abiskojåkka-Schlucht.

päische Trollblume *(Trollius europaeus)*, Rote Lichtnelke *(Silene dioica)*, Hahnenfuß *(Ranunculus* spp.), Säuerling *(Oxyria digyna)*, mehrere Frauenmantel-Arten *(Alchemilla* spp.), Bach-Nelkenwurz *(Geum rivale)* und den Wolfs-Eisenhut *(Aconitum septentrionale)* mit seinen hohen blauen Blütenständen. Eine ähnliche Mischung findet man in lichten Birkenwäldern, aber hier kommen noch die leuchtend weißen Blütenteppiche des Schwedischen Hartriegels *(Cornus suecica)* sowie – wenn man Glück hat – eine Rarität wie der Blattlose Widerbart *(Epipogium aphyllum)* hinzu.

Weiter oben in den Bergen beginnt die echte Tundra. Überraschenderweise bleibt der Schnee hier gar nicht so lange liegen, denn der Wind verbläst viel davon, und die Frühsommersonne schmilzt den Rest rasch ab. Das ist das Startsignal für ein kurzes Blütenfeuerwerk: purpurne Blüten an den Zwergsträuchern des Alaska-Rhododendrons *(Rhododendron lapponicum)*, kleine weiße Blütchen auf den dicken Kissen von *Diapensia lapponica*, purpurn leuchten auch die Polster des Gegenblättrigen Steinbrechs *(Saxifraga oppositifolia)*, der zu blühen beginnt, kaum dass der Schnee verschwunden ist. Ebenfalls hier anzutreffen sind die rosa Polei-Rosmarinheide *(Andromeda polifolia)*, mehrere weiß und gelb blühende Steinbrech-Arten *(Saxifraga* spp.), verschiedene Schuppenheiden *(Cassiope* spp.), Rosenwurz *(Rhodiola rosea)*, mehrere Läusekraut-Arten *(Pedicularis* spp.) und der hübsche weiße Gletscher-Hahnenfuß *(Ranunculus glacialis)*, der sich im Abblühen rosa verfärbt. Mit ziemlicher Sicherheit werden Sie auch Rentierherden sehen und die flötenden Rufe des Goldregenpfeifers *(Pluvialis apricaria)* hören, der hier brütet.

Die Schlucht, die der Fluss auf seinem tosenden Weg hinab zum See in den Fels geschnitten hat, hat wohl keine spektakuläre Blütenschau zu bieten, kann aber mit einer ganzen Reihe arktischer Spezialitäten aufwarten, die man andernorts nur selten antrifft.

Das Informationszentrum «Naturum» verfügt über ausgezeichnete Ausstellungen, Führer und Informationen über den Nationalpark und die Umgebung. Es lohnt sich durchaus, den Exkursionsradius in die Umgebung zu erweitern und sich nicht allein auf den relativ kleinen Nationalpark zu beschränken.

EUROPA | SCHWEDEN

Öland

IN KÜRZE

Ort | Insel direkt vor der Südostküste Schwedens, auf der Höhe der Provinz Kalmar.

Attraktionen | Eine historisch hochinteressante Landschaft, großflächige, bezaubernde Blütenlandschaften im Frühling, artenreiche und vielfältige Vogelwelt.

Reisezeit | Zwischen April und September, am schönsten zwischen Mitte Mai und Mitte Juni.

Schutzstatus | Einige Bereiche gehören zum UNESCO-Weltnaturerbe, über die gesamte Insel verteilt gibt es eine Reihe von Naturschutzgebieten.

Gegenüber Die anmutigen Wiesen-Küchenschellen wachsen in großer Zahl im öländischen Karst.

Die lange, schmale Insel Öland ist absolut einzigartig: Auf einen kalten, schneereichen skandinavischen Winter folgt ein fast mediterraner Sommer. Es gibt praktisch keine Erhebungen, und doch ist die Landschaft erstaunlich abwechslungsreich. Die Insel blickt auf eine lange Siedlungsgeschichte zurück und weist eine vielfältige Flora mit über tausend Arten auf, von denen einige endemisch sind.

Geologisch besteht sie zum größten Teil aus ordovizischem Kalkstein; von den Eiszeiten glatt «gehobelt» ist sie heute weitgehend flach und offen. Der südliche Teil Ölands wird von einer riesigen offenen Fläche eingenommen, dem Stora Alvaret («Großes Alvar»). Als «Alvar» bezeichnet man in Schweden baumloses Land mit einer dünnen Bodenschicht und kalkhaltigem Untergrund. Der Kalkstein liegt hier überall dicht unter der Oberfläche, und es gibt nur wenige Bäume oder Dörfer. Diese Karstlandschaft erstreckt sich über 300 km² – die größte ihrer Art in Europa –, zusammen mit weiteren kleinen Alvargebieten deckt das Stora Alvaret etwa ein Viertel der gesamten Inselfläche ab. Als Habitat ist es botanisch das außergewöhnlichste, aber keineswegs das einzig interessante der Insel.

Öland blickt auf eine lange Siedlungsgeschichte zurück und hat einige wunderbare prähistorische Stätten und alte Dörfer. Doch die Geschichte weist auffällige Lücken auf, die sich mit starken Bevölkerungsrückgängen durch Pest und Kriege erklären lassen. In den 1970er-Jahren wurde eine Brücke zum Festland gebaut, seitdem geht es auf Öland wieder aufwärts, doch die Landschaft und die Fauna der Insel sind nach wie vor stark von der Geschichte geprägt.

Wenn Sie Ende Mai oder Anfang Juni den kahleren, felsigen Teil eines der schönsten Alvargebiete besuchen, das östlich von Vickleby liegt, stoßen Sie auf Massen des endemischen gelben Öland-Sonnenröschens (*Helianthemum oelandicum*) und des recht ähnlichen Grauen Sonnenröschens (*H. canum*). Dazwischen stehen Knöllchen-Steinbrech (*Saxifraga granulata*), Echter Wundklee (*Anthyllis vulneraria*) in verschiedenen Farben, mehrere Storchschnabel-Arten (*Geranium* spp.), buschiges, goldgelb blühendes Strauch-Fingerkraut (*Potentilla fruticosa*), Niedriges Hornkraut (*Cerastium pumilum*), Feld-Steinquendel (*Acinos arvensis*) sowie mehrere Kreuzblumen-Arten (*Polygala* spp.). Auf etwas tiefgründigerem Boden scheinen die Gewächse förmlich in einen Farbrausch zu verfallen: Holunder-Knabenkraut (*Dactylorhiza sambucina*) in seiner gelben und seiner roten Form (in Skandinavien «Adam» und «Eva» genannt) wetteifert mit purpurblütigem Männlichem Knabenkraut (*Orchis mascula*), Frühlings-Schlüsselblume (*Primula veris*), Margerite (*Leucanthemum vulgare*) sowie üppig blühenden Zwergformen des Schwarzdorns (*Prunus spinosa*). An einigen wenigen Standorten trifft man das Frühlings-Adonisröschen (*Adonis vernalis*) an, manchmal zusammen mit der Gewöhnlichen Küchenschelle (*Pulsatilla vulgaris*) oder der verbreiteteren Wiesen-Küchenschelle (*P. pratensis*). An feuchteren Stellen breitet sich die rosafarbene Mehl-Primel (*Primula farinosa*) aus, oft in ihrer stängellosen Zwergform und begleitet von diversen Veilchen (*Viola* spp.), Knabenkräutern (*Dactylorhiza* spp.), Wasserhahnenfuß-Arten (*Ranunculus* spp.) und Sumpf-Kratzdisteln (*Cirsium palustre*).

Ein waldigeres Alvar mit offenen Lichtungen befindet sich um die Burg Ismantorp aus dem 5. Jahrhundert. Die zahllosen Blütenstände von Helm-Knabenkraut (*Orchis militaris*) und Schwertblättrigem Waldvögelein (*Cephelanthera longifo-*

lia) ziehen alle Blicke auf sich, doch bei genauerem Hinsehen entdeckt man auch gelb blühende Niedrige Schwarzwurzeln *(Scorzonera humilis)*, duftende Maiglöckchen *(Convallaria majalis)*, blaue und rosafarbene Kreuzblumen *(Polygala* spp.*)*, die eigentümliche Weiße Schwalbenwurz *(Vincetoxicum hirundinaria)* mit ihren grünlich weißen Blüten und Unmengen des schaumig weißen Kleinen Mädesüß *(Filipendula vulgaris)*. Durch manche der alten Waldbestände, wie den Eichenwald von Halltorps Hage, ziehen sich zauberhafte Bänder aus Busch-Windröschen *(Anemone nemorosa)*, Gelben Windröschen *(A. ranunculoides)*, Leberblümchen *(A. hepatica)*, Echtem Lungenkraut *(Pulmonaria officinalis)*, der parasitischen Schuppenwurz *(Lathraea squamaria)* und verschiedenen Orchideen. Sogar in den Kiefernwäldern ganz im Norden Ölands blüht es – mit Wachtelweizen *(Melampyrum* spp.*)*, Waldvögelein *(Cephelanthera* spp.*)*, Moosglöckchen *(Linnaea borealis)*, Zweiblättrigem Schattenblümchen *(Maianthemum bifolium)* und Siebenstern *(Trientalis europaea)*.

Gegenüber Zu den spektakulärsten Anblicken auf Öland gehören die Massenvorkommen von Holunder-Knabenkraut und Männlichem Knabenkraut während der Blütezeit.

Oben Blütenteppiche aus Busch-Windröschen und Gelben Windröschen im April in den Eichenwäldern von Halltorps Hage.

EUROPA | ESTLAND

Von Osmussaar nach Pärnu

IN KÜRZE

Ort | Westküste Estlands, insbesondere der Kreis Lääne, und die vorgelagerten Inseln.

Attraktionen | Atemberaubend schöne Blütenlandschaften aus Orchideen und vielen anderen Arten, oft als Massenvorkommen.

Reisezeit | Mitte April bis Juli, am besten Mitte Mai bis Mitte Juni.

Schutzstatus | Zahlreiche Naturschutzgebiete und Naturparks.

Von Blumen übersäte Waldwiesen gehören zu den schönsten Lebensräumen überhaupt – mit ihrem bezaubernden Wechselspiel von Licht und Schatten und all den Blüten, Vögeln und Insekten. In dieser Ecke Estlands findet man viele der als Laubwiesen bezeichneten einst intensiv genutzten lichten Wäldern mit einer geschlossen Krautschicht. Die berühmte Laubwiese von Laelatu soll weltweit die höchste Dichte an Pflanzenarten aufweisen (mit 76 Arten pro Quadratmeter und fast 500 Arten höherer Pflanzen auf der Artenliste).

Eine harte Schicht karbonischer Kalke liegt unter einem Großteil der Westküste Estlands und den Inseln davor; darauf hat sich ein Mosaik aus Wiesen, Wäldern und offenen Alvaren entwickelt, die dicht mit Blumen übersät sind. An einigen Stellen geben sich die offenen Alvare so blütenreich wie diejenigen in Öland (s. S. 24 f.) mit üppigen Beständen von stattlichem rosafarbenem Helm-Knabenkraut *(Orchis militaris)* und Kleinem Knabenkraut *(Orchis morio)*, Matten aus wildem Schnittlauch *(Allium schoenoprasum)* mit seinen purpurnen Blütenköpfen, gelben Frühlings-Schlüsselblumen *(Primula veris)*, blassblauen Hain-Veilchen *(Viola riviniana)* und Tausenden von Wiesen-Küchenschellen *(Pulsatilla pratensis)*. Doch am beeindruckendsten sind wohl die riesigen Teppiche aus reinweißen Großen Windröschen *(Anemone sylvestris)*, die sich bis in die Ferne erstrecken.

Selbst Laub- und Nadelwälder können blumenreich sein, je nachdem wie alt sie sind und wie sie bewirtschaftet werden. Dicht an dicht stehende Echte und Vielblütige Salomonssiegel *(Polygonatum odoratum* und *P. multiflorum)* bedecken den Boden, gemischt mit zahllosen duftenden Maiglöckchen *(Convallaria majalis)*, Feldern nickender rötlich brauner Bach-Nelkenwurz *(Geum rivale)*, Tupfern von reinweißem Schwertblättrigem Waldvögelein *(Cephelanthera longifolia)* und Unmengen der auffälligen Vierblättrigen Einbeere *(Paris quadrifolia)*. Etwas früher im Jahr erstrahlen dieselben Stellen blau, weiß und gelb von Leberblümchen *(Anemone hepatica)*, Busch-Windröschen *(Anemone nemorosa)*, Gelben Windröschen *(A. ranunculoides)*, dazwischen die rosaweißen Blütenstände der parasitischen Schup-

Rechts Ausschnitt aus einem Maiglöckchenteppich in den Wäldern von Laelatu.

Gegenüber Die großen Frauenschuhbestände auf einigen der Laubwiesen bieten im Frühjahr einen atemberaubenden Anblick.

penwurz *(Lathraea squamaria)*. Die wohl schönsten Wälder sind diejenigen auf der Halbinsel Puhtu, unweit der Stadt Virtsu, und der sagenhafte Eichenhain bei Kuressaare auf der Insel Saaremaa. Am letztgenannten Standort kommt alles im Überfluss vor, die Maiglöckchen etwa werden von den Einheimischen fast schon im industriellen Maßstab entnommen – ohne größeren Effekt.

Die Lebensräume mit der größten und blumenreichsten Vielfalt sind jedoch die Laubwiesen. Nirgendwo sonst habe ich bislang so viele Frauenschuh-Orchideen *(Cypripedium calceolus)* gesehen, die in großen Gruppen auf grasigen Waldlichtungen wachsen. Offenere Flächen sind oft gelb von Blüten der Niedrigen Schwarzwurzel *(Scorzonera humilis)*, rosa von Mehl-Primeln *(Primula farinosa)* oder bläulich violett von Wald-Storchschnabel *(Geranium sylvaticum)*; in den schattigeren Bereichen finden sich Massen blau und purpurn blühender Frühlings-Platterbsen *(Lathyrus vernus)* und andere Waldpflanzen. In den Laubwiesenwäldern sind auch viele Tierarten zu Hause: In den Baumwipfeln singt der Karmingimpel *(Carpodacus erythrinus)*, in den Eichen hört man Gelbspötter *(Hippolais icterina)* und Pirole *(Oriolus oriolus)*, und ständig surren Libellen über die Lichtungen. Wenn Sie Glück haben, können Sie einen Elch oder einen Hirsch beim Äsen beobachten oder in der Ferne, aus den Feuchtgebieten, Graue Kraniche *(Grus grus)* und Rohrdommeln *(Botaurus stellaris)* rufen hören. Die Laubwiesen sind wahrhaft idyllische Plätze, in fast jeder Hinsicht, einzige Ausnahme: Auch Stechmücken lieben sie.

Fast überall im Westen Estlands kann man Standorte mit reichem Blumenflor entdecken, einige der besten liegen auf der Insel Osmussaar (wo auch noch traditionelle Landwirtschaft betrieben wird), in den Naturschutzgebieten um Virtsu und im Natura-2000-Schutzgebiet um den Mullutu-See westlich von Kuressaare. Es sind wunderbar artenreiche Gebiete in einer intakten Umwelt.

Gegenüber Ein duftiges Ensemble aus Frühlings-Schlüsselblumen und Wald-Vergissmeinnicht in den lichten Wäldern auf der Insel Saaremaa.

Oben Das Große Windröschen blüht in Massen an der Westküste auf den Wiesen um Virtsu.

EUROPA | FRANKREICH

Vercors-Massiv

IN KÜRZE

Ort | Von Grenoble in südwestlicher Richtung nach Die.

Attraktionen | Liebliche Bergwiesen und Weiden vor einer beeindruckenden Bergkulisse, schöne alte Wälder, viele verschiedene Schmetterlinge und andere Insekten, Säugetiere und Vögel.

Reisezeit | Am besten zwischen Mitte Mai und Ende Juni, die Hauptblütezeit ist meist Ende Mai, auf dem Hochplateau später.

Schutzstatus | Als «Parc naturel régional du Vercors» ist der ganze Bereich eine Art Landschaftsschutzgebiet. Im Südosten sind 170 km² unter Naturschutz gestellt und damit stärker geschützt.

Eine meiner schönsten Touren in Europa überhaupt hat mich ins Vercors-Massiv geführt. Wir stiegen von Saint-Michel-les-Portes aus (unter der steil abfallenden Ostseite des Massivs gelegen) auf zum mächtigen Gipfel des Mont Aiguille; dabei kamen wir durch Wiesen, in denen es von Insekten nur so summte und brummte, und durch Buchenwälder voller Frauenschuh (*Cypripedium calceolus*), Maiglöckchen (*Convallaria majalis*) und Vierblättriger Einbeere (*Paris quadrifolia*), bis wir auf einer warmen, blumenübersäten Lichtung Rast machten und dabei einen Steinadler (*Aquila chrysaetos*) über uns hinwegfliegen sahen, der ein Murmeltier in den Fängen hielt. Später wanderten wir weiter, vorbei an unzähligen Alpenblumen, weiteren großen Frauenschuhbeständen und Unmengen anderer Orchideen, über die Bergschulter, bis wir schließlich durch die Wälder wieder nach Richardière abstiegen, wo uns ein Willkommenstrunk erwartete. Das Schöne am Vercors ist, dass es dort viele solcher Plätze gibt.

Der mächtige Gebirgsstock besteht fast vollständig aus dicken Kalkschichten aus der frühen Kreidezeit; diese sind stark nach Westen verkippt, weshalb sich auf der Ostseite spektakuläre Steilwände und Gipfel aneinanderreihen. Die meisten Touristen fahren lieber weiter in die Alpen, sodass es hier bemerkenswert ruhig ist. Oberhalb von 1000 m bieten sich die Wiesen als einziges Blütenmeer dar – mit Wald-Storchschnabel (*Geranium sylvaticum*), Klee (*Trifolium* spp.), Labkräutern (*Galium* spp.), gelb blühendem Klappertopf (*Rhinanthus* spp.), Flockenblumen (*Centaurea* spp.) und Margeriten (*Leucanthemum vulgare*) –, in das viele seltene Blumenschönheiten eingestreut sind. Einige Wiesen stehen voller Dichter-Narzissen (*Narcissus poeticus*), andere leuchten rosa bis violett wie Helm-Knabenkraut (*Orchis militaris*) oder Männliches Knabenkraut (*O. mascula*). Auf etwas feuchteren Wiesen trifft man die dottergelben Trollblumen (*Trollius europaeus*) oft in Massen an, während

Rechts In den feuchten Wiesen unterhalb der Steilhänge wächst eine einzigartige Mischung aus Dichter-Narzissen, Trollblumen, Orchideen, Enzianen und vielen anderen Blumen.

die trockeneren Hänge mit blauen Kugelblumen (*Globularia* spp.) und gelbem Hufeisenklee *(Hippocrepis comosa)* bedeckt sind.

Auf manchen höher gelegenen Wiesen, zum Beispiel am Col d'Arzelier oder am Col du Prayer, sieht man kaum noch Gras, stattdessen dominieren ein gutes Dutzend (oder mehr) Orchideenarten mit Begleitern in allen Blautönen – Kugelige Teufelskralle *(Phyteuma orbiculare)*, Österreichischer Ehrenpreis *(Veronica austriaca)*, Clusius-Enzian *(Gentiana clusii)*, Wiesen-Salbei *(Salvia pratensis)* – und Horsten der weiß blühenden Astlosen Graslilie *(Anthericum liliago)*. Lichte Föhrenwälder *(Pinus sylvestris)* können ebenfalls bemerkenswert blumenreich sein, besonders wenn sie auf kalkhaltigen Schutt- und Schlammkegeln stehen: Neben vielen anderen Orchideen wachsen hier Frauenschuh *(Cypripedium calceolus)*, Rundblättrige Hauhechel *(Ononis rotundifolia)*, Weiße Schwalbenwurz *(Vincetoxicum hirundinaria)*, zwei Salomonssiegel-Arten (*Polygonatum* spp.), mehrere Arten Wintergrün (*Pyrola* spp.), Steinsame (*Lithospermum* spp.) und Glockenblume (*Campanula* spp.), um nur einige zu nennen.

Auf den weit oben gelegenen Matten – auf dem Hochplateau oder an den Steilwänden höherer Berge wie dem Mont Aiguille – kommt zwar stellenweise der nackte Fels zum Vorschein, aber auch sie putzen sich heraus mit Orchideen, Enzianen, Kreuzblumen (*Polygala* spp.), gelben Fingerkräutern (*Potentilla* spp.), Seguiers Hahnenfuß *(Ranunculus seguieri)*, der weiß blühenden Alpen- und der blauvioletten Hallers Küchenschelle *(Pulsatilla alpina* und *P. halleri)* und noch vielen weiteren alpinen Arten. Im Vercors-Massiv kann man gut und gerne eine Woche oder mehr zubringen, ohne dass es langweilig wird, aber auch die Gebirgsstöcke des Dévoluy (im Südosten) und der Chartreuse (im Norden) lohnen einen Besuch.

Ganz oben Blumenübersäte Mähwiese am Fuß des Mont Aiguille, die Hänge unterhalb der Steilwand sind ebenfalls ausgesprochen blumenreich.

Oben Auf dem kalkhaltigen Untergrund hat sich eine bezaubernde Mischung aus Purpur-Knabenkraut, Clusius-Enzian, Kugelblumen und Hufeisenklee eingefunden.

Écrins-Nationalpark

IN KÜRZE

Ort | Ostfrankreich, zwischen den Städten Briançon und Gap.

Attraktionen | Anmutige Bergwiesen und Weiden zwischen hohen, vergletscherten Bergen aus Granit und Kristallin; über 1800 Pflanzenarten, viele davon endemisch, selten oder geschützt.

Reisezeit | Am besten von Ende Mai bis Anfang Juli, Hauptblütezeit ist meist Anfang Juni, in höheren Lagen später.

Schutzstatus | Das gesamte Gebiet liegt innerhalb des Écrins-Nationalparks und ist gut geschützt.

Gegenüber Mehr Blumen geht nicht! Diese Wiese im Hochtal von Narreyroux scheint nur noch aus Schlangen-Knöterich und Wald-Storchschnabel zu bestehen.

Sollten Sie beabsichtigen, im Juni von Puy-Saint-Vincent ins Vallon de Narreyroux aufzusteigen oder von Ailefroide zum Glacier Blanc, dann bringen Sie am besten viel Zeit mit. Diese Täler sind unglaublich blumenreich. Von allen Seiten des imposanten Bergmassivs tosen Bäche von den Gipfeln und Gletschern herab durch die Talungen, in denen die Blumen bestens gedeihen. In der Kernzone des Nationalparks finden Sie zu Sommerbeginn unzählige Stellen mit spektakulären Blütenschauspielen.

Die auch Pelvoux genannte Gebirgsgruppe Les Écrins gehört zu den Alpen, selbst wenn sie etwas abseits liegt. Sie befindet sich westlich des Alpenhauptkamms und wird durch das tiefe Tal der Durance von diesem getrennt; so steht sie fast kreisrund und frei, und Flüsse entwässern aus ihr in alle Himmelsrichtungen. Die Gipfel und die meisten Talböden bestehen aus Granit, der die schönsten Lebensräume für Blumen entstehen lässt, da er leicht in schweren, fruchtbaren Boden verwittert, für eine landwirtschaftliche Nutzung aber zu steinig bleibt. Anders als der Kalkstein des nahe gelegenen Vercors-Massivs hält der Granit der Écrins das Oberflächenwasser stärker zurück, daher finden sich hier mehr Hoch- und Hangmoore und auch mehr Wald.

In den tieferen Lagen werden die Écrins als Wald- oder Kulturflächen, manchmal auch als Grünland genutzt. Oberhalb von 1000 m sind fast alle Wiesen und Matten mit Blumen übersät, oft erstaunlich üppig. In einem typischen Hochtal, wie demjenigen von Entraigues oder des Torrent de l'Ailefroide, wechseln sich Blumenwiesen – teils eingezäunt, teils offen – mit Wäldern, Strauch- und Felslandschaften und feuchten Stellen ab, die beispielsweise entstehen, wenn ein Bach über die Ufer tritt. Überall grünt und blüht es.

Die schönsten Wiesen scheinen vor Farben und Tönen zu vibrieren. Die kräftig pinkfarbene Jupiter-Lichtnelke (*Lychnis flos-jovis*) wächst hier im Überfluss, dazu gesellen sich alpine Glockenblumen-Arten (*Campanula* spp.), die hohen Blütenstände des Gelben Enzians (*Gentiana lutea*), Trupps aus rosa-rotem Türkenbund (*Lilium martagon*), ein paar Feuer-Lilien (*Lilium bulbiferum*), Alpen-Ziest (*Stachy alpina*), der Wiesen-Salbei (*Salvia pratensis*) mit seinen kräftig blauen Blütenähren, Futter-Esparsetten (*Onobrychis viciifolia*), Königskerzen (*Verbascum* spp.) und viele mehr. Weiter oben sind die Wiesen zu rosa-blau-violetten Blütenteppichen geworden, so dicht stehen hier Schlangen-Knöterich (*Polygonum bistorta*), Wald-Storchschnabel (*Geranium sylvaticum*) und mindestens vier Glockenblumen-Arten (*Campanula* spp.), dazwischen der weiß blühende Platanenblättrige Hahnenfuß (*Ranunculus platanifolius*) und die tiefblaue Berg-Flockenblume (*Centaurea montana*).

An trockeneren Stellen begegnet uns die stattliche Bocks-Riemenzunge (*Himantoglossum hircinum*) in größerer Zahl, begleitet von mehreren Nelkenarten (*Dianthus* spp.), Aufrechtem Ziest (*Stachys recta*), Nickender Distel (*Carduus nutans*), der Esparsetten-Wicke (*Vicia onobrychioides*) mit ihren blauen Blütentrauben, verschiedenen blauen Skabiosen (*Scabiosa* spp.) und der Knollen-Platterbse (*Lathyrus tuberosus*) in kräftigem Pink. Wo es etwas schattiger ist, kann der Brennende Busch oder Diptam (*Dictamnus albus*) mit seinen weißrosa Blüten angetroffen werden. Er gehört zur Familie der Rutaceen (Rautengewächse) und verdankt seinen ungewöhnliche Namen der Tatsache, dass er ätherische Öle bildet, die leicht entzündlich sind

und gelegentlich spontan in Brand geraten. Auf den schattigeren Felspartien blühen verschiedene Dachwurz- (*Sempervivum* spp.) und Fetthennen-Arten (*Sedum* spp.), Stein-Nelken *(Dianthus sylvestris)* und weißblütige Sandkräuter (*Arenaria* spp.).

An moorigen Stellen entlang der Bäche oder um Quellen herum wachsen purpurrot blühende Knabenkräuter (*Dactylorhiza majalis* und *D. sambucina*) neben solchen mit weiß-rosa Blüten (*D. fuchsii* und *D. maculata*), rosa Mehl-Primeln *(Primula farinosa)*, Sumpf-Herzblatt *(Parnassia palustris)* und Wollgras (*Eriophorum* spp.). Oberhalb von 1700 m findet man wesentlich mehr alpine Arten, wie Enziane (*Gentiana* spp.), Mannsschilde (*Androsace* spp.), Edelweiß *(Leontopodium alpinum)* und verschiedene *Primula*-Arten, aber am attraktivsten sind die Standorte in den mittleren Höhenlagen.

Neben der Flora ist auch die Fauna der Écrins einen Besuch wert: Es gibt hier etwa 140 verschiedene Schmetterlingsarten, die oft auch in großer Zahl auftreten, ferner Gämsen und Steinböcke sowie viele Brutvogelarten, darunter fast 40 Steinadler-Paare *(Aquila chrysaetos)*, Alpenkrähen *(Pyrrhocorax pyrrhocorax)* und Raufußkäuze *(Aegolius funereus)*.

Gar nicht weit von den Écrins, östlich von Besançon und Guillestre, direkt an der italienischen Grenze liegt Queyras, eine Region, die ebenfalls eine Fülle (wenig besuchter) blumenreicher Plätze aufweist.

Gegenüber Mit Tau benetzter Türkenbund auf einer hoch gelegenen Mähwiese.

Unten Ein stattlicher Trupp Gelben Enzians mit Wiesen-Salbei und vielen anderen Blumen auf einer alten Alm.

EUROPA | FRANKREICH

Cevennen und Causses

IN KÜRZE

Ort | Zwischen den Städten Millau und Alès, südwärts bis Béziers, nach Norden bis Mende.

Attraktionen | Mehr als man hier aufzählen kann. Herrliche Blumen, in einer riesigen Artenvielfalt, zum Teil in atemberaubenden Szenarien; Vögel, Schmetterlinge und andere Insekten in großer Zahl; grandiose Landschaften, mittelalterliche Städte.

Reisezeit | Am besten zwischen April und Juni, Hauptblütezeit meist Ende Mai.

Schutzstatus | Die attraktivsten Standorte liegen innerhalb des Nationalparks Cevennen oder im 316 km² großen Regionalen Naturpark Grands Causses; seit 2011 gehören die Causses und die Cevennen zum UNESCO-Weltnaturerbe.

Gegenüber Die Rote Küchenschelle *(Pulsatilla rubra)* auf den Kalkrasen der Causses beeindruckt mit ihren weinroten Blüten.

Es gibt kaum etwas Schöneres, als im Mai oder Juni einige Tage in den Causses, den Kalkhochebenen des südfranzösischen Zentralmassivs, zu verbringen. Der Anblick ist einfach atemberaubend: Blüten und Schmetterlinge, wohin man schaut.

Um die am Tarn gelegene Stadt Millau erstreckt sich eine riesige Hochebene aus jurassischem Kalkstein, die von tiefen Schluchten durchzogen ist, wo immer sich ein größerer Fluss seinen Weg gesucht hat. Dieser sehr ursprüngliche Flecken Erde ist zu rau für intensive Bewirtschaftung, aber mild genug, um eine unglaubliche Vielfalt von Pflanzen und Tieren hervorzubringen. Die Hochflächen zwischen den Schluchten liegen alle bei 1000 m, das heißt, die Winter sind kalt und hart, die heißen, trockenen Sommer dagegen fast schon mediterran. Im Dialekt des Languedoc werden diese Karstflächen als «Causses» bezeichnet, und jede von einem Fluss abgetrennte Einheit trägt noch einmal einen eigenen Namen.

Schön sind sie alle, und doch hat jede dieser Causses ihren eigenen Charakter. Nehmen wir eine besonders reizvolle stellvertretend für alle, um Ihnen einen Eindruck von der Gegend zu geben. Ausgangspunkt ist das Doppel-Städtchen Le Rozier-Peyreleau, wo die Schluchten (franz. *gorges*) des Tarn und der Jonte aufeinandertreffen. Verlassen Sie die Gorges auf der D29 in Richtung Süden, Sie können aber auch einen der vielen steilen Fußpfade nach oben nehmen, wenn Sie mögen. Die Nordseiten der Schluchten sind in der Regel stark bewaldet, im Gegensatz zu den offeneren und besiedelten Südhängen. Auf Ihrem Weg kommen Sie durch Kiefern- und Eichenwälder und an jeder Lichtung treffen Sie auf ein Blumenmeer, über dem Schmetterlinge tanzen.

Der Genfer Günsel *(Ajuga genevensis)* scheint sich hier besser durchzusetzen als sonst in seinem Verbreitungsgebiet und bildet riesige blaue Teppiche, so weit das Auge reicht. Auch Apenninen-, Gewöhnliches und Graues Sonnenröschen *(Helianthemum apenninum, H. nummularium, H. canum)* kommen in unglaublichen Mengen vor, dazwischen blaue oder rosa Sprenkel von Kalk- und Gewöhnlicher Kreuzblume *(Polygala calcarea* und *P. vulgaris)*, blassblaue Binsenlilien *(Aphyllanthes monspeliensis)*, die beinahe wie Lein aussehen, und – sobald der Untergrund etwas trockener ist – Polster aus Rotem Seifenkraut *(Saponaria ocymoides)*. In gestörten Bereichen treffen wir auf Massen von Gewöhnlichem Natternkopf *(Echium vulgare)*. Und dann die vielen, verschiedenen Orchideen! Stattliches Helm- und Purpur-Knabenkraut *(Orchis militaris* und *O. purpurea)* in unglaublichen Mengen, Männliches und Kleines Knabenkraut *(O. mascula* und *O. morio)* mit ihren dunklen Blütenständen, zierliches Brand-Knabenkraut *(O. ustulata)*, Fuchs' Knabenkraut *(Dactylorhiza fuchsii)* in verschiedenen Farbvarianten und viele mehr. Die merkwürdige Fliegen-Ragwurz *(Ophrys insectifera)* ist schwer auszumachen, aber, aus der Nähe betrachtet, von faszinierender Schönheit; sie kommt hier häufig vor, oft zusammen mit der Bienen-Ragwurz *(Ophrys apifera)*, der endemischen Aymonins-Ragwurz *(O. aymoninii)* oder der Kleinen Spinnen-Ragwurz *(O. aymoninii)*. Alle Mitglieder der Gattung *Ophrys* haben Blüten entwickelt, die männliche Bestäuberinsekten anlocken, indem sie Gestalt und Duft von deren Weibchen nachahmen. Wo die Kalksteinfelsen zum Vorschein kommen, stehen dichte Polster aus pink blühendem Berg-Wundklee *(Anthyllis montana)* und gelben Lotwurzen *(Onosma* spp.*)*.

Im lichten Schatten findet man ganz andere Pflanzenkonstellationen. Umgeben von Gehölzen wie der Gewöhnlichen Felsenbirne (Amelanchier ovalis) und dem Buchsbaum (Buxus sempervirens), erheben sich die weißen Blütenstände des Schwertblättrigen Waldvögeleins (Cephelanthera longifolia), und dazwischen drängeln sich bemerkenswert zahlreiche Exemplare der blassbraun gefärbten Nestwurz (Neottia nidus-avis), Unmengen duftender Maiglöckchen (Convallaria majalis), Salomonssiegel (Polygonatum spp.) und Immenblatt (Melittis melissophyllum), das hier oft in seiner rosa Farbvariante vorkommt. Im tieferen Schatten stehen Leberblümchen (Anemone hepatica), Einblütiges Wintergrün (Moneses uniflora) und große Bestände des eigentümlichen Echten Fichtenspargels (Monotropa hypopitys). Auf den Plateaus erstrecken sich Grasfluren ohne Hecken oder Zäune bis zum Horizont. An manchen Stellen findet man Unmengen blauviolett blühender Küchenschellen (Pulsatilla vulgaris var. costeana), an anderen stehen Scharen kleiner Irisarten, an wieder anderen unzählige gelbe Frühlings-Adonisröschen (Adonis vernalis).

Nur wenig östlich der Causses bietet sich ein völlig anderes Bild: In den Cevennen ist der Untergrund saurer, die Blütenteppiche sind nicht ganz so dicht, aber trotzdem wunderschön. Hier gibt es Felder mit Osterglocken (Narcissus pseudonarcissus), Dichter-Narzissen (N. poeticus) und Hybriden aus beiden sowie Südalpine Tulpen (Tulipa sylvestris subsp. australis). Bänder von Busch-Windröschen (Anemona nemorosa), Zwiebelchen-Zahnwurz (Cardamine bulbifera), Fünfblättriger Zahnwurz (C. pentaphyllos), Zweiblättrigem Schattenblümchen (Maianthemum bifolium) und vielen anderen breiten sich unter geschneitelten alten Buchenbeständen aus.

Gegenüber Eine Gruppe Pyramiden-Hundswurz (Anacamptis pyramidalis) überragt die anderen Blumen auf einer alten Weidefläche in den Gorges du Tarn.

Oben Ein dichter Teppich aus Busch-Windröschen und Osterglocken in den etwas saureren Wiesen auf dem Mont Aigoual.

Zentralpyrenäen

Wenn Sie von Toulouse oder Bordeaux Richtung Süden fahren, steigen die mächtigen Pyrenäen wie eine Fata Morgana vor Ihnen aus der Ebene auf. Die hohen Gipfel sind oft wolkenverhangen, aber an einem klaren Tag bietet der von Horizont zu Horizont reichende, schneebedeckte Gebirgszug einen unvergesslichen Anblick.

Die Pyrenäen sind die südlichsten Berge des französischen Mutterlands und stellen sowohl eine soziale als auch eine ökologische Barriere zwischen Frankreich und der Iberischen Halbinsel dar. Sie sind breit und hoch genug, um ihr eigenes Wetter zu schaffen, und isoliert genug, um ihre eigene besondere Flora und Fauna zu bewahren. Die höchsten und noch stark vergletscherten Gipfel liegen in den Zentralpyrenäen (s. a. S. 46 f.), dazu einige der schönsten Kare, Hängetäler und Wasserfälle überhaupt. Heute gibt es nur noch wenige größere Gletscher, aber die Auswirkungen der Eiszeiten sind deutlich zu sehen und sie beeinflussen die Landnutzung und die Besiedlung immer noch.

Um in die blumenreichen Areale der Zentralpyrenäen zu gelangen, müssen Sie die ruhige, warme Tiefebene verlassen und durch steile, meist bewaldete, v-förmige Täler aufsteigen, bis Sie die höheren Erhebungen erreichen. Hier finden Sie nur noch wenige Dörfer, überwiegend Weidewirtschaft und eine angenehme Mischung aus Blumenwiesen, Weiden, Feuchtgebieten und Wäldern. Oberhalb der höchsten dauerhaften Siedlungen beginnt der Nationalpark Pyrenäen; seine Kernzone ist weitgehend unbewohnt und wird von einer riesigen Pufferzone umgeben, in der 40 000 Menschen leben. Die meisten blumenreichen, eingezäunten Mähwiesen und Weiden liegen außerhalb des streng geschützten Bereichs, aber auch die Pufferzone erfährt – dank lockerer Absprachen zwischen den Bauern und der Nationalparkverwaltung – einen gewissen Schutz.

Die schönsten Wiesen beeindrucken mit einer überraschend üppigen Farbenpracht, zu der nicht nur weit verbreitete Arten wie Margeriten (*Leucanthemum vulgare*), Klee (*Trifolium* spp.) und Gewöhnlicher Hornklee (*Lotus corniculatus*) beitragen, sondern auch viele Besonderheiten, wie das blauviolette Horn-Veilchen (*Viola cornuta*), ein endemischer großblütiger Hahnenfuß (*Ranunculus gouanii*), das Holunder-Knabenkraut (*Dactylorhiza sambucina*) mit seinen prächtigen Farbvarianten, Akeleien (*Aquilegia* spp.), Teufelskrallen (*Phyteuma* spp.) und sogar *Fritillaria pyrenaica*, eine Schachblumen-Art. An feuchteren Stellen findet man Unmengen von Alpen-Knabenkraut (*Dactylorhiza majalis* subsp. *alpestris*), verschiedene andere Knabenkräuter, Läusekräuter (*Pedicularis* spp.) und das Sumpf-Herzblatt (*Parnassia palustris*) – eine hinreißende Mischung. Die besten Plätze liegen normalerweise oberhalb von 1100–1200 m, zum Beispiel auf dem Plateau von Saugues, südwestlich von Gèdre, oder bei Gavarnie.

Darüber beginnen die Bergweiden, auf denen Schafe und Rinder grasen und die meist innerhalb des Nationalparks liegen. Je nachdem wie stark diese Grasflächen beweidet werden und wie der Winter war, fällt ihr Blütenreichtum aus. Die Artenvielfalt ist enorm. Es gibt ganze Hänge, die mit der dunkelblauen Englischen Schwertlilie (*Iris latifolia*) oder der Amethyst-Scheinhyazinthe (*Brimeura amethystina*) gesprenkelt sind, dazwischen stehen Trupps von Braunem Storchschnabel (*Geranium phaeum*) und blassgelbem Fuchs-Eisenhut (*Aconitum lycoctonum* subsp.

IN KÜRZE

Ort | Direkt südlich von Tarbes und Lourdes, bis zur am Hauptkamm verlaufenden spanischen Grenze.

Attraktionen | Grandiose Hochgebirgslandschaft mit vergletscherten Gipfeln und verschwenderischer Blütenpracht auf Bergwiesen, alpinen Matten und Felswänden; über 2500 Gefäßpflanzenarten, von denen mindestens 200 endemisch sind; viele verschiedene Vogel- und Säugetierarten.

Reisezeit | Hauptblütezeit Ende Mai bis Juli, Mai und Juni sind meist am besten, jedoch abhängig von Höhenlage und Schneemenge des letzten Winters.

Schutzstatus | Viele der interessantesten Plätze liegen in der Kernzone des Nationalparks Pyrenäen, eine ganze Reihe von Blumenwiesen findet man jedoch auch in den viel größeren, aber weniger geschützten Randbereichen.

Gegenüber Englische Schwertlilien, so weit das Auge reicht, am Pic du Midi de Bigorre.

vulparia), begleitet von Großer Sterndolde *(Astrantia major),* Hoher Schlüsselblume *(Primula elatior),* Frühlings-Schlüsselblume *(P. veris)* sowie verschiedenen Orchideenarten, darunter *Gymnadenia gabasiana* (eine Händelwurz-Art) und Brand-Knabenkraut *(Orchis ustulata).* Auf flachgründigem oder steinigem Untergrund und an Felshängen ist die Artenzusammensetzung ganz anders, hier sieht man Teppiche der endemischen rosa *Saponaria caespitosa* (einer Seifenkraut-Art), die großen Blütenstände des Pyrenäen-Steinbrechs *(Saxifraga longifolia)* und diverse *Primula*-Arten. An schattigeren Stellen wächst der blaulila blühende Pyrenäen-Felsenteller *(Ramonda pyrenaica),* ein Relikt aus wärmeren Klimaphasen, das die Eiszeiten hier überdauert hat. Auf feuchten Felswänden sind Fettkräuter *(Pinguicula grandiflora* und *P. longifolia)* in großer Zahl anzutreffen, die ihre schlechte Nährstoffversorgung mit fleischlicher Kost verbessern, indem sie Insekten auf ihren Blättern festhalten und verdauen. Noch weiter oben findet man Pflanzen der Tundra und viele alpine, oft endemische, Zwergstauden.

Dieser von schneebedeckten Gipfeln überragte Landstrich mit seiner außergewöhnlichen Flora und Fauna und seinen gut markierten Wanderwegen ist immer eine Reise wert.

Gegenüber Eine Gruppe dicht stehender Pyrenäen-Lilien *(Lilium pyrenaicum)* auf einer Pyrenäenwiese.

Unten Eine typische blumenübersäte Bergwiese in den Pyrenäen, mit den Gipfeln von Gavarnie im Hintergrund.

Ordesa und Monte Perdido, spanische Pyrenäen

IN KÜRZE

Ort | Im Norden der autonomen Region Aragonien, zwischen den Dörfern Torla und Bielsa, bis hinauf zur französischen Grenze, zum Teil in direkter Nachbarschaft des französischen Nationalparks Pyrenäen.

Attraktionen | Bezaubernde Bergweiden vor einer beeindruckenden Gebirgskulisse, Bergwälder, artenreiche Fauna (Insekten, Vögel, Säugetiere).

Reisezeit | Zwischen April und September, je nach Höhe, Lage oder Lebensraum, am schönsten zwischen Mitte Juni und Mitte Juli.

Schutzstatus | Das ganze Gebiet liegt innerhalb des Ordesa-Nationalparks, der auch Biosphärenreservat, Europäisches Vogelschutzgebiet und UNESCO-Weltnaturerbe ist.

Gegenüber, oben Die steilen Kalksteinhänge des Circo de Soaso sind von einer bezaubernden Mischung alpiner Pflanzen bedeckt, darunter auch ein rosafarbenes Sonnenröschen.

Gegenüber, unten Der Blütenstand eines Pyrenäen-Steinbrechs neigt sich elegant aus einer hohen Kalksteinwand.

Ich habe einmal einige Nächte im Refugio de Góriz verbracht, einer Schutzhütte am Monte Perdido auf fast 2200 m. Um hierher zu kommen, müssen Sie das Ordesa-Tal in seiner ganzen Länge durchwandern und dann über steile Wege zu den am höchsten gelegenen Matten und Hochgebirgsrasen aufsteigen. Es gibt nichts Schöneres, als nach einer Nacht in der Abgeschiedenheit dieser Hütte am frühen Morgen den Blick auf die unberührte Natur zu genießen, wenn Dunst die Täler unten erfüllt und Adler und Geier beginnen, im Aufwind ihre Kreise zu ziehen.

Der Nationalpark Ordesa y Monte Perdido, wie er mit vollem Namen heißt, erstreckt sich über 156 km² und hat eine atemberaubende Gebirgskulisse aus Kalksteinformationen zu bieten; sein höchster Punkt ist der Gipfel des Monte Perdido mit 3355 m, der dicht an der französischen Grenze liegt. Es ist eine ehemalige Gletscherlandschaft, mit gewaltigen, vom Eis ausgeräumten Karen und tiefen, u-förmigen Schluchten sowie den für den Karst typischen Höhlen und Dolinen.

Den Blumenreichtum des Ordesa-Tals bekommt man nur als Wanderer zu sehen. Der Weg beginnt am Ende der befestigten Straße oberhalb von Torla. Von hier geht es stetig bergan durch Wälder aus Kiefern, Buchen und Purpur-Tannen *(Abies amabilis)*, dabei haben Sie immer die nackten, hoch aufragenden Kalksteinfelsen vor Augen. Hier wachsen ein paar hübsche Blumen, vor allem auf den Lichtungen, aber das Beste kommt erst noch. An einigen wenigen Stellen prunken die endemischen Pyrenäen-Felstenteller *(Ramonda pyrenaica)* auf dem Fels mit ihren blauvioletten Blüten, und schattentolerierende Orchideen, Salomonssiegel *(Polygonatum* spp.) und Zahnwurzen *(Cardamine* spp.) in großer Zahl locken Sie immer weiter vorwärts. Die Szenerie verändert sich, sobald Sie auf etwa 1500 m das von vergangenen Gletschern geprägte Hochtal erreichen. Der Wald öffnet sich, und zum ersten Mal rücken die höheren Gipfel ins Blickfeld. Nun befinden Sie sich auf den Bergwiesen, die ab Ende Mai mit einer üppigen Blütenpracht aufwarten; je höher Sie kommen, desto kürzer werden die von Blumen durchwirkten Grasfluren. Im unteren Bereich begegnen Ihnen blauviolette Akeleien *(Aquilegia* spp.) und Teufelskrallen *(Phyteuma* spp.), Heckenrosen mit rosa und roten Blüten sowie die weißen Blütenstände von Astloser Graslilie *(Anthericum liliago)* und Weißer Trichterlilie *(Paradisea liliastrum)* in großer Zahl, dazu kommen Pyrenäen-Nelkenwurz *(Geum pyrenaicum)*, die puscheligen rosa Blütenstände der Akeleiblättrigen Wiesenraute *(Thalictrum aquilegifolium)*, der blassgelbe Fuchs-Eisenhut *(Aconitum lycoctonum* subsp. *vulparia)*, wilder Schnittlauch *(Allium schoenoprasum)* in dichten Horsten, Gelber Fingerhut *(Digitalis lutea)* und eine stattliche Anzahl von Orchideen. An feuchteren Stellen gedeihen dunkelrote Knabenkräuter *(Dactylorhiza* spp.), Europäische Trollblume *(Trollius europaeus)*, der Alpenhelm *(Bartsia alpina)* mit seinen tiefblauen Blütenständen, verschiedene rot oder gelb blühende Läusekräuter *(Pedicularis* spp.) und die hübsche blaue *Veronica ponae*, eine endemische Art. Wo es trockener ist, finden sich Polster von lilablassblauen Kriechenden Kugelblumen *(Globularia repens)* und ein paar ihrer größeren Verwandten zusammen mit gelben Sonnenröschen *(Helianthemum* spp.), Rosen, verschiedenen Steinbrech- und Nelkenarten *(Saxifraga* und *Dianthus* spp.).

Auf Ihrem Weg durch das Tal haben Sie mehrere Stufen im Talboden zu überwinden, die belegen, dass hier Gletscher am Werk waren. Einige dieser Stufen schmücken sich heute mit kleinen Wasserfällen, doch zunächst gibt es keine Anzeichen für größere Veränderungen in der Pflanzenzusammensetzung. Das geschieht erst, wenn Sie den Circo de Soaso erreichen. Die Kalksteinhänge dieses Kars sind mit der rosafarbenen Variante des Gewöhnlichen Sonnenröschens (*Helianthemum nummularium* var. *roseum*), mit Silberwurz (*Dryas octopetala*), Grauem Storchschnabel (*Geranium cinereum*), mehreren Steinbrech-Arten (*Saxifraga* spp.) und Rosafarbenem Sandkraut (*Arenaria purpurascens*) bedeckt. Auf den Steilwänden finden sich beeindruckende Bestände des Pyrenäen-Steinbrechs (*Saxifraga longifolia*), deren bis zu 60 cm lange Blütenstände in leichtem Bogen herabhängen.

Wenn Sie noch Zeit und Energie haben, um über das Kar hinauszuwandern, gelangen Sie schließlich in den Bereich der Grasheiden, Hochgebirgsrasen und Geröllfluren; nun ist es nicht mehr weit bis zur Hütte. Auf dem Weg dorthin kommen Sie an Teppichen aus purpurblütigem Gegenblättrigem Steinbrech (*Saxifraga oppositiifolia*), leuchtend blauem Frühlings-Enzian (*Gentiana verna*), violetter Gewöhnlicher Alpen-Troddelblume (*Soldanella alpina*) und Polstern von zartrosa Steinschmückel (*Petrocallis pyrenaica*) vorbei, gelegentlich auch an einem gelb, rot oder orange blühenden Pyrenäen-Mohn (*Papaver lapeyrousianum*). Einige dieser Pflanzen begleiten Sie, immer entlang der Schneegrenze, zusammen mit weiteren Spezialisten für große Höhen bis ganz nach oben.

Picos de Europa

IN KÜRZE

Ort | Im Norden Spaniens, im Bereich der Costa Verde, südwestlich von Santander (Kantabrien) und südlich von Llanes (Asturien).

Attraktionen | Spektakuläres, von den Eiszeiten geprägtes Kalksteinmassiv mit einer überreichen Flora, vor allem auf Mähwiesen; viele seltene Vogel- und Säugetierarten, ursprüngliche Dörfer, traditioneller Lebensstil.

Reisezeit | Es blüht vom Frühjahr bis in den Herbst, Hauptblütezeit von Ende Mai bis Ende Juni.

Schutzstatus | Weite Teile des Gebiets gehören zum Nationalpark Picos de Europa oder sind Biosphärenreservat, aber noch steht nicht alles unter strengem Schutz.

Rechts Der im Herbst blühende *Crocus serotinus* subsp. *asturicus* wächst in großer Zahl auf den alpinen Matten.

Gegenüber Eine typische Bergwiese in den Picos de Europa, vorne Unmengen an Großem Klappertopf, hinten das Kalksteinmassiv.

Man sagt, das Gebirge habe den Namen Picos de Europa (Gipfel von Europa) vor langer Zeit von baskischen Seeleuten erhalten: Wenn diese nach langer Fahrt heimkehrten, waren die schneebedeckten Berge das Erste, was sie vom Festland erblickten. Reisende, die mit der Fähre von Plymouth nach Santander übersetzen, können diesen Anblick noch heute genießen. Die Berge üben auf jeden eine magische Anziehungskraft aus und laden zu Erkundungstouren ein.

Obwohl der ganze Norden Spaniens gebirgig ist, sind die Picos etwas Besonderes. Während die Berge in der Umgebung aus kristallinen Schiefern bestehen und

EUROPA | SPANIEN

sich eher sanft gerundet geben, handelt es sich bei den Picos überwiegend um schroffe Kalksteinformationen, die nicht selten mehr als 2500 m Höhe erreichen, höchster Gipfel ist mit 2648 m die Torre de Cerredo. Wegen ihrer großen Höhe und ihrer Nähe zur Küste fangen die Picos die meisten vom Atlantik hereinfegenden Tiefdruckgebiete ab; wir haben es daher mit bemerkenswert feuchten Bergen zu tun, und in höheren Lagen kann es an hundert Tagen pro Jahr schneien. Auch wenn diese hohe Niederschlagsmenge die Wahrscheinlichkeit erhöht, während eines Besuches nass zu werden, sorgt sie andererseits dafür, dass die Berge fast den ganzen Sommer über grün bleiben und im Winter fast ständig schneebedeckt sind. Ihr ist es wohl auch zu verdanken, dass hier eine sehr traditionelle Art der Landwirtschaft überlebt hat; denn aufgrund der klimatischen Verhältnisse und der Geländeformen ist intensive Landwirtschaft nur schwer möglich.

Die Mähwiesen bieten vermutlich das beeindruckendste Blütenschauspiel in den Picos; sie zählen zu den blumenreichsten Lebensräumen in den gemäßigten Breiten, nach neueren Untersuchungen kommen hier über 600 Pflanzenarten vor. Die schönsten Mähwiesen, wie die um Espinama und Fuente Dé im Deva-Tal, sind einfach atemberaubend – Blütenteppiche, die in allen Tönen von Rot, Blau, Gelb und Weiß changieren. Etwa 50 verschiedene Orchideenarten wachsen hier, darunter ausgesprochene Mähwiesenspezialisten wie der Herzförmige Zungenständel *(Serapias cordigera)* mit seinen satt rotbraunen Blüten, Schmetterlings-Knabenkraut *(Orchis papilionacea)*, Brand- und Kleines Knabenkraut *(O. ustulata* und *O. morio)*. Andere typische Mähwiesenblumen sind die asturische Unterart des Großen Klappertopfs *(Rhinanthus serotinus* subsp. *asturicus)*, der blassgelbe Echte Wundklee *(Anthyllis vulneraria* subsp. *vulneraria)*, der Weiße Affodill *(Asphodelus albus)* mit seinen hohen Blütenständen, der Blut-Storchschnabel *(Geranium sanguineum)*, die Frühlings-Schlüsselblume *(Primula veris)*, die Kugelige Teufelskralle *(Phyteuma orbiculare)* mit ihren dunkelblauen Blütenköpfen, der Flügel-Ginster *(Chamaespartium sagittale)* und viele andere. An feuchteren Standorten treffen wir auf verschiedene Knabenkräuter *(Dactylorhiza* spp.), gelbe Trollblumen *(Trollius europaeus)*, diverse violette Disteln, Sumpf-Dotterblumen *(Caltha palustris)* und Quirlblättriges Läusekraut *(Pedicularis verticillata)* an. Auf schattigeren Wiesen breiten sich *Scilla liliohyacinthus* (eine Blaustern-Art), Vierblättrige Einbeere *(Paris quadrifolia)*, Immenblatt *(Melittis melissophyllum)* und diverse Lungenkräuter *(Pulmonaria* spp.) aus. Wenn die Böden etwas saurer sind, rücken Heide-Nelke *(Dianthus deltoides)*, Irische Glanzheide *(Daboecia cantabrica)*, *Simethis planifolia*, Sandglöckchen *(Jasione* spp.) und Knöllchen-Steinbrech *(Saxifraga granulata)* in den Blick.

Auf den alpinen Matten und den offenen Felsflächen der Picos bietet sich ein anderes Bild, weniger üppig, aber dennoch artenreich. Nur wenige Passstraßen führen dort hinauf, am einfachsten gelangt man mit der Seilbahn von Fuente Dé aus in diese – über große Teile des Jahres von Schnee und Eis bedeckte – einmalige Hochgebirgsregion. Dort erwarten Sie winzig kleine Narzissen, leuchtend blauer Frühlings-Enzian *(Gentiana verna)*, tiefblauer Clusius-Enzian *(Gentiana clusii)*, verschiedene Mannsschild-, Steinbrech- und Küchenschellen-Arten *(Androsace* spp., *Saxifraga* spp., *Pulsatilla* spp.) und die Monte-Baldo-Anemone *(Anemone baldensis)*. Allein wegen der Blütenpracht lohnt sich eine Reise zu den Picos de Europa, aber auch die Landschaft selbst ist wunderschön, historisch interessant und überdies voller Vögel, Schmetterlinge, Säugetiere und anderer Lebewesen.

Gegenüber Nirgendwo findet man so viele Exemplare des faszinierenden Herzförmigen Zungenständels auf einmal wie auf den Wiesen der Picos de Europa.

Sierra de Grazalema, Andalusien

IN KÜRZE

Ort | Kalksteingebirge in der zu Andalusien gehörenden Provinz Cadiz, etwa zwischen Arcos de la Frontera und Ronda, vor allem die Region um Grazalema und Ubrique.

Attraktionen | Wildromantisches Kalksteinmassiv mit ungewöhnlich vielfältiger Flora, darunter viele Endemiten; die weißen Dörfer, traditionelle Landwirtschaft, ausgezeichnete Wandermöglichkeiten.

Reisezeit | Die Blütezeit beginnt früh, sogar gegen Winterende und im Frühling gibt es Interessantes zu sehen, die beste Zeit ist aber von Mitte April bis Ende Mai.

Schutzstatus | Der Naturpark Sierra de Grazalema ist Biosphärenreservat, Europäisches Vogelschutzgebiet und gehört zum europäischen Natura-2000-Netzwerk; etwa 30 km² des Nationalparks stehen unter strengstem Schutz.

Gegenüber, oben Die hübsche Dreifarbige Winde (*Convolvulus tricolor*) kommt in Wiesen und entlang der Straßen überall in diesen Bergen in großer Zahl vor.

Gegenüber, unten Selbst Olivenhaine können erstaunlich blumenreich sein, hier beherrscht das Farbige Leimkraut (*Silene colorata*) das Bild.

Die Sierra de Grazalema ist etwas ganz Besonderes. Vielleicht liegt es an den schönen, alten weißen Dörfern, die förmlich aus den Kalksteinfelsen herauszuwachsen scheinen, oder an der – dank der ungewöhnlich hohen Niederschlagsmenge – üppigen Vegetation in einer ansonsten trockenen Umgebung, an den hinreißenden Blumenwiesen, den ursprünglichen Wäldern und Korkeichenhainen oder der artenreichen Vogelwelt. Was es auch ist, dieser relativ niedrige Gebirgszug übt auf jeden, der ihn sieht, eine starke Anziehungskraft aus, und fast jeder Besucher kommt wieder.

Der Naturpark Sierra de Grazalema liegt mitten in den Bergen, aber auch die nähere Umgebung (vor allem der Norden und der Süden) ist sehenswert. An den Park schließt sich im Süden der riesige Naturpark Los Alcornocales an, der sich bis in die Südspitze Spaniens erstreckt. Die Berge von Grazalema sind zwar nicht besonders hoch, aber doch die ersten nennenswerten Erhebungen, auf die die vom Atlantik hereinziehenden Tiefdruckgebiete treffen. Das macht diese Gegend zu einer der feuchtesten in ganz Spanien, mit einer durchschnittlichen Jahresniederschlagsmenge von 2000 mm. Die Flora ist bemerkenswert vielfältig, allein im Park kommen 1400 verschiedene Pflanzenarten vor, von denen mindestens ein Dutzend Endemiten sind; viele andere Arten sind in Südspanien und Nordafrika endemisch.

Dank der südlichen Lage setzt die Blütenpracht schon früh im Jahr ein. Die herrliche blaue *Iris planifolia* gibt sich schon im Januar und Februar verschwenderisch, bald gefolgt von Heerscharen gelb und weiß blühender Narzissen. Im Schatten von Kalksteilwänden breiten sich im März Teppiche von kleinen, gelben Osterglocken aus, begleitet werden sie von Weihnachts-Narzissen (*Narcissus papyraceus*), den frühesten Orchideen und der leuchtend gelben *Anemone palmata*. Eine interessante Pflanze, die zum Winterende und zum Frühlingsanfang hin am schönsten aussieht, ist die Rotfrüchtige Mistel (*Viscum cruciatum*), die auf Weißdorn und Olivenbäumen parasitiert.

Von Mitte April bis Ende Mai kann man einige spektakuläre Blütenschauspiele erleben. Die Artenzusammensetzung und die Blütendichte fallen unterschiedlich aus, je nachdem wie viel Regen im Winter gefallen ist und wie stark die Flächen beweidet wurden, doch zu dieser Jahreszeit gibt es immer etwas Interessantes zu sehen. An feuchteren Stellen im Fels leuchten die hohen weißen Blütenstände von *Ornithogalum reverchonii* (eine Milchstern-Art), blaue Spanische Hasenglöckchen (*Hyacinthoides non-scripta*), verschiedene weiß blühende Steinbrech-Arten (*Saxifraga* spp.), blassblaue *Vinca difformis*, große rosa Spornblumen (*Centranthus* spp.), Echter Wundklee (*Anthyllis vulneraria* subsp. *vulneraria*), wilde Erbsen (*Pisum sativum*) mit ihren zweifarbigen Blüten und jede Menge Orchideen. Etwa 30 Orchideenarten gibt es im Naturpark, darunter Langes und Dreiknolliges Knabenkraut (*Orchis langei*, *O. champagneuxii*), Italienisches und Schmetterlings-Knabenkraut (*O. italica*, *O. papilionacea*), Bienen-Ragwurz (*Ophrys apifera*), Ohnhorn (*Orchis anthropophora*) und mehrere Zungenständel-Arten (*Serapias* spp.); im April kann man sie am zuverlässigsten in ihren verschiedenen Farben und Formen bewundern. Anfang Mai blühen Spanische Iris (*Iris xiphium*), Natternkopf-Arten (*Echium* ssp.) – von denen das silberlaubige *Echium albicans* mit seinen von Pink nach Blau verblühenden Blüten am auffälligsten ist –, Brotero-Pfingstrosen (*Paeonia broteroi*)

SIERRA DE GRAZALEMA, ANDALUSIEN

in kräftigem Purpur, Purpurrotes Brandkraut *(Phlomis purpurea)*, Gewöhnliche Ochsenzunge *(Anchusa italica)* in Blau und Teppiche von gelbem Ginster.

Zur selben Zeit kommt an trockeneren Stellen die endemische blassgelbe *Biscutella frutescens* (ein Brillenschötchen) in enormer Zahl zur Blüte, oft in Begleitung von *Stachys circinata* (ein Ziest) und einer buschigen, endemischen, gelb blühenden Flockenblumen-Art *(Centaurea ssp.)*.

Ein wichtiger Bestandteil des Schutzgebietes von Grazalema ist der Reliktwald der Spanischen Tanne *(Abies pinsapo)* hoch oben auf den Nordhängen der Sierra del Pinar. Für eine Wanderung zu diesem Wald brauchen Sie eine Genehmigung, aber auf dem Weg dorthin kommen Sie an verschiedenen schönen Plätzen vorbei, wo Sie sich an stachligen, blau blühenden Igelpolstern *(Erinacea anthyllis)*, dem endemischen orangeroten Spanischen Mohn *(Papaver rupifragum)*, einer weiteren Pfingstrosen-Art *(Paeonia spp.)* und Spanischen Kaiserkronen *(Fritillaria hispanica)* in großer Zahl erfreuen können.

Cabo de São Vicente, Algarve

IN KÜRZE

Ort | Im äußersten Südwesten Portugals, beiderseits des Cabo de São Vicente.

Attraktionen | Zerklüftete, wildromantische Küstenlandschaft mit einer vielfältigen Flora, inklusive zahlreicher Endemiten.

Reisezeit | Unterschiedlich, in der Regel gut zwischen März und April, für die Blumen am besten im April.

Schutzstatus | Der gesamte Bereich gehört zum Naturpark Südwest-Alentejo und Costa Vicentina, der Schutzstatus ist aber recht niedrig.

Am äußersten südwestlichen Rand Europas, dort wo die Atlantikstürme auf die harten Felsen der Algarve treffen, liegt eine relativ unberührte, raue Gegend, wo sich mitten in einer schroffen Küstenlandschaft herrliche Blütenteppiche entfalten. Das ist das Cabo de São Vicente (dt. Kap Sankt Vinzenz), das zum großen Naturpark Südwest-Alentejo und Costa Vicentina gehört, der sich noch 40 km nach Norden und 20 km ostwärts erstreckt. Dieser Park schließt einige der schönsten Küstenlandschaften der Iberischen Halbinsel mit ein.

Das absolute Highlight für Blumenfreunde ist ein Hochplateau aus hartem Dolomit, dessen Oberfläche verkarstet ist und das an den Seiten 150 m tief ins Meer abfällt. Während mindestens der Hälfte des Jahres sieht dieser Ort öde und langweilig aus, doch wenn der Winterregen abklingt und die südliche Sonne stärker wird, brechen aus allen Ritzen und Spalten Blumen hervor und verleihen der Landschaft Form und Farbe. Zu den ersten zählen, im Februar und März, Narzissen, insbesondere die goldenen Büschel von *Narcissus obesus*, die zur Gruppe der Reifrock-Narzissen gehören und sich bis an die Steilkante heranwagen. Nur wenig später folgen Spanisches Hasenglöckchen (*Hyacinthoides hispanica*), weiß blühender Knoblauch (*Allium* spp.), *Scilla vincentina* (ein Blaustern mit blassblauen Blüten), purpurfarbene Levkojen (*Matthiola* spp.), die seltene, hyazinthenähnliche *Bellevalia hackelii*, die pinkfarbene *Silene littorea* (ein Leimkraut), Orchideen, insbesondere die prächtige Spiegel-Ragwurz *(Ophrys speculum)*, und viele andere Stauden und Zwiebelgewächse.

In dieser windgepeitschten Landschaft bleiben Gehölze sehr niedrig, aber sie blühen trotzdem üppig. Viele Arten sind im Frühling so dicht mit Blüten bedeckt, dass man das Laub kaum noch sieht. Intensiv blau gefärbte Polster aus Rosmarin (*Rosmarinus officinalis*) wechseln sich mit Kissen des extrem stachligen Marseille-

Rechts Frühling auf den Klippen nahe Burgau, hier blühen vor allem Italienisches Knabenkraut *(Orchis italica)* und Gelbe Zistrose.

Gegenüber Oben auf Cabo de São Vicente ducken sich Kleinblütiger Stechginster und Rosmarin unter dem Wind zu Boden.

EUROPA | PORTUGAL

Tragants *(Astragalus massiliensis)* ab, dessen weiße Schmetterlingsblüten wunderbar duften, dazwischen wächst der dicht bedornte Kleinblütige Stechginster *(Ulex parviflorus)*. Eine der häufigsten Arten ist eine endemische, strauchige Zistrose mit weißen Blüten und dunkel glänzenden, klebrigen, aromatischen Blättern – oft wird sie als *Cistus palhinhae* bezeichnet, manchmal aber auch als Unterart der Lack-Zistrose *(Cistus ladanifer)* klassifiziert. Eine nahe Verwandte, die Gelbe Zistrose *(Halimium commutatum)*, wächst überall, die niedrigen Sträucher dicht mit leuchtend gelben Blüten überzogen. Die Gebüsche der duftenden, gelben Valencia-Kronwicke *(Coronilla valentina)* kann man schon aus mehreren Kilometern Entfernung sehen; in ihrem Schutz wächst häufig das Große Löwenmaul *(Antirrhinum majus)*, dessen hohe rote Blütenstände aus dem Dickicht herausragen. Neben zwei endemischen *Brassica*-Arten kommt das ebenfalls endemische *Ionopsidium acaule* (eine Scheinveilchen-Art) hier vor; es bildet entzückende winzige, blütengespickte Kissen und wächst an Wegen oder in winterfeuchten Senken.

Nördlich von Cabo de São Vicente liegen viele schöne und blumenreiche Küstenbereiche, vor allem bei Carrapateira und Aljezur, wo Traubenhyazinthe *(Muscari* spp.*)* und *Leucojum trichophyllum* (eine Knotenblumen-Art) Farbe in Dünen und Wiesen bringen. Nach Osten zu ist die Südküste stärker erschlossen: Die natürlichen Lebensräume sind oft zerstückelt, aber es gibt immer noch schöne Plätze, beispielsweise bei Boca do Rio und Burgau, wo sich Orchideen, Narzissen und buschige Gelbe Zistrosen am Klippenrand ein Stelldichein geben.

Gegenüber Eine Gruppe von früh blühendem *Narcissus obesus* mit leuchtend gelben Blüten auf den Klippen des Cabo de São Vicente.

Unten Selbst Anfang März sind die Felsfluren auf den Klippen voller farbiger Blüten.

EUROPA | DEUTSCHLAND

Kaiserstuhl

VON ADRIAN MÖHL

IN KÜRZE

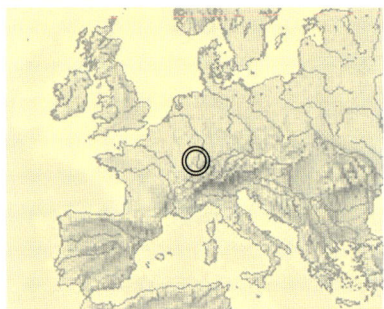

Ort | Vulkanische Erhebung im südbadischen Raum in Baden-Württemberg (Deutschland).

Attraktionen | Reich strukturierte Landschaft mit Vulkangestein und mächtigen Lössböden, ausgedehnte blumenreiche Trockenwiesen, viele Orchideen und große Diptam-Bestände.

Reisezeit | Im Mai: farbige Trockenwiesen mit zahlreichen Orchideen, im September: riesige Bestände der Gold-Aster.

Schutzstatus | Verschiedene Naturschutzgebiete.

Duftender Diptam oder leuchtende Gold-Asterfelder? Wann ist wohl der beste Zeitpunkt für einen Besuch der erloschenen Vulkane des Kaiserstuhls? Bei dieser Frage fällt es schwer, eine Entscheidung zu fällen! Ist es kurz nach der Schneeschmelze, wenn Schlüsselblumen und Fingerkräuter um die Wette strahlen? Ist es der Mai, wenn die Hügel-Anemonen *(Anemone sylvestris)* im Frühlingswind schaukeln und am Badberg die fröhlich bunten Affen-Knabenkräuter *(Orchis simia)* ihre eigenartigen Blüten zeigen? Oder ist es vielleicht gar der September, wenn die trockenen Hänge nach und nach in warmem Braun und Gelb erstrahlen und die Gold-Aster *(Aster linosyris)* golden in den tiefblauen Spätsommerhimmel leuchtet?

Mit seiner außergewöhnlichen klimatischen Lage ist der Kaiserstuhl eine südliche Insel in Deutschland. Neben vielen wärmebedürftigen Pflanzenarten sorgen auch Bienenfresser und Gottesanbeterin dafür, dass man sich an einigen Orten fast wie am Mittelmeer fühlt. Bei Orchideen-Liebhabern ist die Region seit Langem ein absoluter «Hotspot» – dreißig verschiedene Arten wurden am Kaiserstuhl bisher festgestellt. Mit nur 600–700 mm Niederschlag und 1720 Stunden Sonnenschein pro Jahr gehören die ehemaligen Vulkane in der badischen Tiefebene zu den trockensten und wärmsten Orten Deutschlands. Der Kaiserstuhl liegt im Regenschatten der Vogesen, und genau deswegen ist es hier so trocken und warm.

Landschaftlich ist es sicher eines der reichhaltigsten Gebiete in Zentraleuropa, abgesehen vielleicht vom Alpenbogen. Es wechseln sich kleinräumig Weinberge mit Trockenwiesen ab, überall gibt es kleine Waldstücke und Hecken. Die erloschenen Vulkane geben der Landschaft einen ganz besonderen Charme, lassen sie wie eine Spielzeuglandschaft aus dem Reich der Modelleisenbahnen erscheinen.

Rechts Im Mai überziehen die Blüten des Bärlauchs *(Allium ursinum)* vielerorts die Waldböden.

Gegenüber Hügel-Anemone oder Großes Windröschen? Beide Namen passen bestens zur Symbolblume des Kaiserstuhls.

Besonders auffällig sind die zum Teil mächtigen Lössböden im Kaiserstuhl. Diese dicken Böden wurden während der letzten Eiszeit vom Wind schichtweise herbeigetragen. Sie sind so leicht formbar, dass sie vielerorts terrassiert sind und manchmal auch tiefe Hohlwege formen. Diese Hohlwege zieren andernorts seltene Arten, wie etwa die Hügel-Anemone *(Anemone sylvestris)*, die auch unter dem Namen Großes Windröschen bekannt ist.

Für den Pflanzenjäger sind sicher die ausgedehnten Trockenwiesen, die zu jeder Jahreszeit eine Fülle von speziellen Arten bieten, am interessantesten. Im Frühling finden sich hier etwa die Gewöhnliche Küchenschelle *(Pulsatilla vulgaris)* oder der Österreichische Ehrenpreis *(Veronica austriaca)* mit seinen wunderbaren tiefblauen Blüten. Verschiedene Ragwurz-Arten *(Ophrys sp.)* wachsen zwischen den luftigen Halmen der Aufrechten Trespe *(Bromus erectus)*. Wenn der Hufeisenklee *(Hippocrepis comosa)* in Vollblüte steht, duftet es süß in den sich jetzt gelb färbenden Wiesen. Nach einer Weile mag sich der Wanderer nach Schatten sehnen. Diesen findet er zum Beispiel in den vielen Flaumeichenwäldern, in denen mit etwas Glück auch hier und dort ein größerer Bestand des zitronig-zimtig duftenden Diptam *(Dictamnus albus)* gefunden werden kann.

Gegenüber Der Kaiserstuhl ist besonders berühmt für seine artenreichen Trockenwiesen. Hier mit der Gewöhnlichen Küchenschelle, die alles andere als gewöhnlich, sondern vielmehr selten und schön ist.

Unten Auf den dünnen Böden finden sich die farbenprächtigsten Magerwiesen.

Oberengadin, Kanton Graubünden

IN KÜRZE

Ort | Südostschweiz, rund um St. Moritz und Pontresina.

Attraktionen | Spektakuläre Blütenpracht auf den Mähwiesen, alpinen Matten und Schuttfluren, ferner im Hochgebirge an Felshängen und an abschmelzenden Schneefeldern.

Reisezeit | Sehenswert von April bis Oktober, am besten von Ende Juni bis einschließlich Juli.

Schutzstatus | Nur teilweise geschützt, insgesamt jedoch nicht bedroht. In der Nähe liegt der (einzige) Schweizerische Nationalpark; was den Blütenreichtum angeht, ist dieser aber nicht so spektakulär wie das beschriebene Gebiet.

Gegenüber Üppig blühende Alpenazaleen am Albulapass, im Hintergrund ein blauviolettes Veilchen (*Viola* sp.) und Küchenschellen.

Nur wenige Regionen sind so eng mit der «typischen» Alpenflora assoziiert wie die Schweizer Alpen. Was jedoch die schiere Vielfalt, Menge und das Blütenschauspiel angeht, reicht kein Ort in der Schweiz wirklich an das Oberengadin heran. Hier grünt und blüht es fast überall, angefangen mit den saftigen Wiesen des Talbodens und den Mähwiesen der unteren Hänge bis zu den höchsten Gipfeln, die zu den Viertausendern zählen. Das günstige Klima ist für die höchste Zahl an Sonnentagen in der Schweiz verantwortlich – mancherorts 320 pro Jahr. Dank einer hervorragenden Infrastruktur gelangt man ohne Probleme auf Berge und zu anderen Standorten, denn die Fahrpläne von Bussen, Zügen, Seilbahnen und anderen Verkehrsmitteln sind aufeinander abgestimmt. Das Tal und mehrere Pässe sind durch Straßen erschlossen, auf denen man genau die Höhenlagen erreichen kann, die je nach Zeitpunkt des Aufenthalts am lohnendsten sind. Im Hochsommer transportieren Seilbahnen die Besucher bis auf Höhen von über 3000 m – ein in jeder Hinsicht atemberaubendes Erlebnis.

Viele Mähwiesen der tieferen Lagen sind besonders blütenreich und bilden bunte Blumenteppiche mit rosa, gelben, blauen oder orangefarbenen Partien – hier mischt sich Futter-Esparsette (*Onobrychis viciifolia*) mit Klappertopf (*Rhinanthus* spp.), Teufelskrallen (*Phyteuma* spp.), Orchideen, Lichtnelken (*Silene* spp.), Klee (*Trifolium* spp.), rosa Schlangen-Knöterich (*Polygonum bistorta*), Gewöhnlichem Natternkopf (*Echium vulgare*), Margeriten (*Leucanthemum vulgare*) und Glockenblumen (*Campanula* spp.) – sogar die eine oder andere Feuer-Lilie (*Lilium bulbiferum*) ist eingestreut.

Oberhalb dieser Wiesen folgt oft ein von Lärchen (*Larix decidua*) dominierter Bergwaldgürtel, dessen Unterwuchs durch die Blütenfarben von rosa Seidelbast (*Daphne* spp.), Wintergrün (*Pyrola* spp.) und Orchideen aufgelockert wird. Die wirkliche alpine Stufe beginnt jedoch erst oberhalb. An all diesen Hochgebirgshängen – sei es, dass der Untergrund aus Kalkstein, Granit oder anderem Fels besteht – entfaltet sich mit fortschreitender Schneeschmelze nach und nach ein wahres Blütenspektakel. Hier kommen große Mengen von zweierlei Troddelblumen (*Soldanella* spp.) vor; zu mindestens vier rosa oder rotvioletten *Primula*-Arten gesellen sich die gelben Tuffs von Hohen Schlüsselblumen (*Primula elatior*) und Aurikeln (*Primula auricula*). Sehr häufig sind Frühlings-Küchenschellen (*Pulsatilla vernalis*) und die etwas höher vorkommende Alpen-Küchenschelle (*Pulsatilla alpina*, oft auch in der zauberhaften zitronengelben Form); dazwischen leuchtet das dunkle Blau der Clusius-Enziane (*Gentiana clusii*) oder das strahlende Blau der Frühlings-Enziane (*G. verna*). An anderen Stellen überziehen Matten von Silberwurz (*Dryas octopetala*) mit großen weißen Blüten oder kriechende gelbe Fingerkräuter (*Potentilla* spp.) den Boden. Auf stärker saurem Untergrund, zum Beispiel auf Granit, wächst die nur wenige Zentimeter hohe Alpenazalee (*Loiseleuria procumbens*, auch Gämsheide genannt) oft in großflächigen Beständen. Ihre Blüten sind zwar klein, doch die Pflanzen wirken durch deren schiere Menge wie ein rosa Teppich; häufig entsteht ein Mosaik aus Alpenazaleen und arktisch-alpinen Gesteinsflechten, die bunte «Landkarten» bilden.

Einige Blütenpflanzen sind speziell an die Lebensbedingungen im Hochgebirge angepasst; unterhalb von 2000 m treten sie überhaupt nicht auf, dringen aber teilweise bis zur Vegetationsgrenze in über 4000 m vor. Häufig sind sie von besonderer Schönheit; sie wachsen in dichten Polstern, die ihnen Schutz vor den ärgs-

OBERENGADIN, KANTON GRAUBÜNDEN

ten Unbilden der extremen Witterung bieten, und gelangen während des kurzen Hochgebirgssommers rasch zur Blüte. Meist sind die Blüten auffällig, wie zum Beispiel beim strahlend blauen Himmelsherold *(Eritrichium nanum)*. Er wächst an steilen Felshängen zusammen mit dem rosafarbenen Stängellosen Leimkraut *(Silene acaulis)*, gelegentlich auch mit einer der kleinen Mannsschild-Arten *(Androsace spp.)*, die rosa oder weiße Kissen bilden. Auf lockeren Schutthalden und rund um ausapernde Schneeflächen bildet der Gletscher-Hahnenfuß *(Ranunculus glacialis)*, dessen hübsche weiße Blüten sich im Verblühen rosa verfärben, manchmal größere Bestände, oft zusammen mit weißen oder rosavioletten Steinbrech-Arten *(Saxifraga spp.)* und der Kriechenden Nelkenwurz *(Geum reptans)* mit orange leuchtenden Schalenblüten. Diese Pflanzengesellschaft am Rand der Vegetationsgrenze ist so außergewöhnlich, dass sie die Mühen des Aufstiegs auf jeden Fall lohnt.

Gegenüber Bereits kurz nach der Schneeschmelze öffnet der elegante Gletscher-Hahnenfuß auf über 3000 m seine Blüten.

Unten Mähwiesen in den mittleren Höhenlagen des Engadins gehören zu den blütenreichsten Wiesen überhaupt; typisch ist diese bunte Mischung aus Teufelskrallen, Futter-Esparsette, Klappertopf und etlichen weiteren Blumen.

Zentralwallis: Les Follatères

VON ADRIAN MÖHL

IN KÜRZE

Ort | In den Zentralalpen, am Rhoneknie.

Attraktionen | Steppenrasen voller Adonisröschen, «Maischnee» und artenreiche Flaumeichenwälder.

Reisezeit | Ab März für die Frühblüher, April bis Juni für blumenreiche Trockenwiesen und Gebüsche.

Schutzstatus | Viele Schutzgebiete und zahlreiche geschützte Trockenwiesen und Steppenrasen (Schweizer Trockenstandorte von nationaler Bedeutung).

Wenn die Walliser Berge noch tief verschneit sind, erwacht im Talboden des Zentralwallis bereits der Frühling. Dann blühen fast über Nacht Tausende von Lichtblumen *(Bulbocodium vernum)* auf und überall erscheinen die leuchtend gelben Frühlings-Adonisröschen *(Adonis vernalis)*. Dies ist dann jeweils der Startschuss zu einem äußerst artenreichen Blumenreigen, der den ganzen Sommer hindurch reicht und meist erst im Spätherbst zum Stillstand kommt. Klimatisch ist das Zentralwallis von einem kontinentalen Klima geprägt. So erstaunt es nicht, dass sich hier viele Pflanzengattungen finden, die ursprünglich in Steppengebieten von Russland oder Kleinasien zu Hause sind. Zwar sind die einst ausgedehnten Steppenrasen vielerorts wegen des Weinbaus sehr stark reduziert worden, doch die übrig gebliebenen sind noch intakt und geschützt. Ein typisches Steppenelement ist das Frühlings-Adonisröschen, das in der Gegend der Follatères und besonders auf dem «Chemin des Adonis» in Charrat ab Mitte März in großen Mengen blüht. Zu dieser Zeit sind die Steppenrasen noch braun und öde. Der Kontrast zu den leuchtend gelben Sternen könnte nicht größer sein. Hier und da blühen Berg-Küchenschellen *(Pulsatilla montana)* mit ihren pelzigen, tiefvioletten Blüten. Doch auch die tausend blühenden Aprikosenbäume und die zarten Blütenwolken des Schwarzdorns *(Prunus spinosa)* können nicht darüber hinwegtäuschen, dass der Frühling noch jung und unberechenbar ist.

Die Steppenrasen zeigen ihren ganzen Blumenreichtum im Mai. Dann lockt an den Hängen oberhalb des Dörfchens Branson ein Phänomen, das als «Maischnee» bekannt ist. Der Großblütige Breitsame *(Orlaya grandiflora,* auch Strahlen-Breitsa-

Rechts Großblütige Breitsame und Nickende Distel *(Carduus nutans)* bilden im Mai einen schönen Kontrast.

Gegenüber Wo könnte das Frühlingserwachen schöner und bunter sein als beim Frühlings-Adonisröschen?

me genannt) tritt in riesigen Mengen auf und färbt die ehemaligen Ackerterrassen und die Steppenrasen weiß. Besonders schön sind die Breitsamenfelder, wenn sie mit dem leuchtend rosafarbenen Nelken-Leimkraut *(Silene armeria)* und den Astlosen Graslilien *(Anthericum liliago,* auch Traubige Graslilie genannt) durchsetzt sind und die silbernen «Federn» des Federgrases *(Stipa pennata)* über die schneeweißen Blütenschirmchen hinausragen. Der Mai ist auch der Orchideenmonat: Zahlreiche Schwärzliche Knabenkräuter *(Orchis ustulata),* Blassgelbe Orchis *(Orchis pallens,* auch Blasses Knabenkraut genannt), Spitzorchis *(Anacamptis pyramidalis)* und die für die Alpen seltene Wanzen-Orchis *(Orchis coriophora,* auch Wanzen-Knabenkraut genannt) buhlen um unsere Gunst. In den Wäldern leuchtet der Alpen-Goldregen *(Laburnum alpinum).* Auf den Felsen stehen nun schon die fruchtenden Blasenschötchen *(Alyssoides utriculata)* mit ihren lustigen, aufgeblasenen Fruchtständen. Im Hochsommer sind es die Bologneser Glockenblumen *(Campanula bononiensis),* die zu einem Spaziergang in die lichten Flaumeichenwälder der Follatères locken. Zum Sommerende trösten Gold-Astern *(Aster linosyris)* und das tiefe Blau des Ysops *(Hyssopus officinalis* subsp. *canescens)* darüber hinweg, dass der Blumenreigen an ein Ende kommt.

Links Sie blüht schön, riecht aber wenig angenehm: die Wanzen-Orchis.

Gegenüber Wenn im Mai die ehemaligen Äcker oberhalb von Fully weiß erblühen, sprechen die Einheimischen vom «Maischnee».

Liechtenstein

VON ADRIAN MÖHL

IN KÜRZE

Ort | Zwischen Bodensee, Vorarlberg und den Bündner Alpen.

Attraktionen | Schwertlilienfelder mit Tausenden Sibirischen Schwertlilien im Frühling, farbige Trockenwiesen und reichhaltige alpine Kalkflora im Sommer.

Reisezeit | Im Mai für die Feuchtgebiete in der Talsohle, je nach Höhenstufe zwischen Juni und August für Blumenwiesen und die Bergflora.

Schutzstatus | Die Ried- und Trockenwiesen stehen unter strengem Schutz.

Liechtenstein besitzt in vielerlei Hinsicht einen Sonderstatus – dass es aber auch ein botanisches Wunderland ist, wissen nur die Wenigsten. Es versteht sich, dass die Pflanzenwelt keine politischen Grenzen kennt, und so gilt, was für Liechtenstein gesagt werden kann, auch für die Nachbarregion, vom Bodensee bis in den Vorarlberg.

Die schönsten botanischen Augenweiden sind sicher die schier unendlichen Felder der Sibirischen Schwertlilien *(Iris sibirica)* im Wonnemonat Mai. Dann verwandeln sich die sonst so eintönig anmutenden Feuchtwiesen in ein blaues Meer und Millionen von Schwertlilien öffnen ihre Blüten. Das Ruggeler Ried lockt in dieser Zeit unzählige Besucher an. Man muss nicht einmal botanisch interessiert sein, um am Spektakel Gefallen zu finden. Selbst wenn die Schwertlilienfelder verblüht sind, sind die Pfeifengraswiesen in der Ebene noch einen Besuch wert, leuchten hier doch im Hochsommer die hellen Sträuße von Mädesüß *(Filipendula ulmaria)*, der sonst seltenen Bauhins Wiesenraute *(Thalictrum simplex)* und der Gelben Wiesenraute *(Thalictrum flavum)*. Die heute selten gewordenen Pfeifengraswiesen waren früher im ganzen Rheintal weit verbreitet. Die Bauern haben diese Wiesen jeweils spät im Jahr gemäht. Das Mahdgut wurde als Streu für die Ställe benutzt. Leider sind viele der ehemaligen Streuwiesen verschwunden, und nur dank des strikten Schutzes sind einige dieser wertvollen Pflanzenbestände erhalten geblieben.

Die Flora Liechtensteins zählt zirka 1600 Arten, wovon rund die Hälfte auf die Gebirgsflora fällt. Es sind vor allem die Berge, welche besonders artenreich sind und hier ist die Kalkflora erwähnenswert, denn Silikat fehlt im Gebiet fast gänzlich. Auf

Rechts Die Sibirische Schwertlilie blüht im Ruggelerried zu Tausenden und lockt viele Besucher an.

der kleinen Landesfläche – das Land ist nur gerade 160 Quadratkilometer groß – können 48 Orchideenarten gefunden werden und die zahlreichen Trockenwiesen und -weiden sind sehr bunt. Der Grund dafür, dass das Rheintal und somit auch Liechtenstein so etwas wie eine pflanzengeografische Schnittstelle in Europa einnehmen, liegt im Zusammenschluss dreier geologischer Decken: Das Helvetikum taucht hier ab, während die oberostalpine Decke auf die penninische Decke prallt. Auch klimatisch herrscht hier eine gewisse Sonderstellung, der Föhn schafft ein günstiges Klima für wärmeliebende Pflanzen, und es kommen sogar einige Pflanzen aus dem Mittelmeerraum vor.

Will man der Hitze und Hektik des Sommers entfliehen, findet man in den kühlen Höhen farbig-erfrischende Blaugrasrasen und Rostseggenhalden. Im Juni sind die Bergwiesen besonders schön: Sterndolden *(Astrantia major)* konkurrieren mit Rindsaugen *(Buphthalmum salicifolium)* und Türkenbundlilien *(Lilium martagon)* und geben den Wiesen einen fast märchenhaften Anstrich. Etwas höher können im Bergfrühling verschiedene Enzianarten gefunden werden, wie zum Beispiel tiefblaue Teppiche des Frühlings-Enzians *(Gentiana verna)* oder die dicken Kelche von Clusius-Enzian *(Gentiana clusii)*. Etwas später im Jahr erfreuen dann die leuchtenden Blütenköpfe der Alpen-Aster *(Aster alpinus)* und die eleganten Blüten des Edelweißes *(Leontopodium alpinum)* die Wanderer und Blumenfreunde, und wer am Rappenstein wandert, kann mit etwas Glück schöne Bestände des seltenen Nordischen Drachenkopfs *(Dracocephalon ruyschiana)* entdecken.

Oben Die Große Sterndolde erfreut sich eines ständigen und großen Besuchs durch Bestäuber.

Unten Die blumenreichen Magerwiesen erfreuen nicht nur die Insektenwelt – auch wir Wanderer haben unsere Freude daran.

EUROPA | ÖSTERREICH

Stubaier Alpen

VON ADRIAN MÖHL

IN KÜRZE

Ort | Südwestlich von Innsbruck, zwischen Brennerpass und Ötztal.

Attraktionen | Bunte Silikatflora, wilde Bergwelt.

Reisezeit | In den tieferen Lagen ab Juni für den Bergfrühling, besonders aber in den Sommermonaten Juli und August.

Schutzstatus | Verschiedene Ruhe- und Landschaftschutzgebiete.

Die Stubaier Alpen bilden zusammen mit den angrenzenden Ötztaler Alpen die größte Massenerhebung der Ostalpen. Geologisch sind wir im Reich der Gneise – mit anderen Worten, wir befinden uns hier auf sauren Böden, welche eher als artenarm gelten. In den Stubaier Alpen finden sich aber Wildblumenbestände, die sich sehen lassen! Im Gebiet des Schrankogel kann man geradezu von hängenden Gärten sprechen, sind die Felsbänder doch alle dicht mit Primeln, Fingerkräutern und Enzianen bekränzt. Wer den langen Aufstieg nicht fürchtet, wird in der hochalpinen Stufe mit einer reichhaltigen Silikatflora verwöhnt. Besonders Liebhaber von Primeln (Gattung *Primula*) kommen hier auf die Rechnung. Die sonst eher seltene Klebrige Primel *(Primula glutinosa)* begegnet uns hier oben auf zahlreichen Felskanten. Wer früh genug im Jahr unterwegs ist, kann vielen Zwerg-Primeln *(Primula minima)* begegnen. Auch wenn die Blütezeit vorbei ist, erfreut diese kleinste Alpenprimel noch immer den Wanderer, der in der alpinen Stufe nach botanischen Prunkstücken sucht: mit ihren äußerst dekorativen, scharf gezähnten Blättern. Anfang August ist die beste Zeit, um eine reichhaltige alpine Flora zu bestaunen. Jetzt blüht zum Beispiel das Gletscher-Fingerkraut *(Potentilla frigida)*, das nicht nur mit seinen goldgelben Blüten besticht, auch sein seidiges Blätterkleid ist an Eleganz kaum zu übertreffen. Zwischen den von Landkärtchenflechten *(Rhizocarpum geo-*

Rechts Das Farnblättrige Läusekraut *(Pedicularis asplenifolium)* leuchtet kräftig im Urgestein.

graphicum) überzogenen Felsbrocken leuchten immer wieder Blütenköpfchen des Farnblättrigen Läusekraut *(Pedicularis asplenifolia)*. Wer mehr Gefallen an blauen Blumen findet, der wird sich über die eleganten Blütenstände der Halbkugeligen Rapunzel *(Phyteuma hemisphaericum)* freuen.

Wer nicht so hoch hinaus will, für den hat auch die subalpine Stufe so manches zu bieten: In den Lärchenwälder finden sich immer wieder große Bestände der Alpen-Waldrebe *(Clematis alpina)*, die mit ihren großen, violetten Blüten wie eine ausgebüxte Gartenpflanze wirkt. Wenn sie über die Blütenpracht der Rostblättrigen Alpenrose *(Rhododendron ferrugineum)* klettert, ist dies eine besondere Pracht. Dort wo die Wiesen regelmäßig geschnitten und wenig gedüngt werden, erfreuen den Wanderer bunte Blumenteppiche.

Wer schließlich die nivale Stufe ohne große körperliche Leistung erforschen will, dem empfiehlt sich die Fahrt mit der Luftseilbahn von Mutterberg zur Bergstation Zuckerhütl. In nächster Umgebung der Seilbahnstation finden sich hier Kissen von Marschlinsis Sandkraut *(Arenaria marschlinsii)*, verschiedene Enzian- und Steinbrech-Arten, und mit etwas Glück lassen sich auch Himmelsherold *(Eritrichium nanum)* und Alpen-Mannsschild *(Androsace alpina)* finden.

Oben Eine typische Pflanze der Stubaier Alpen ist die Kiesel-Polsternelke *(Silene exscapa)*.

Unten Die Klebrige Primel *(Primula glutinosa)* findet sich in den «hängenden Gärten» des Schrankogels in großen Mengen.

EUROPA | ITALIEN

Dolomiten, Südtirol

IN KÜRZE

Ort | Nordostitalien; etwa 70 km nördlich von Venedig: ungefähr von Trient (Trentino) nordostwärts bis zur österreichischen Grenze.

Attraktionen | Besonders schöne Gebirgslandschaft mit durchweg wunderbarem Blütenreichtum.

Reisezeit | Anfang April bis Oktober, am besten von Anfang Juni bis Ende Juli.

Schutzstatus | Relativ guter Schutz durch einen Nationalpark (Dolomiti Bellunesi) und mehrere Naturschutzgebiete im Gebiet; 1420 km² wurden zum Weltnaturerbe erklärt.

Die Dolomiten gehören zu den spektakulärsten und schönsten Gebirgsmassiven der Welt. Sie sind zwar nicht besonders hoch, doch die steil aufragenden Berge flößen jedem Besucher Staunen und Ehrfurcht ein. Verantwortlich für die atemberaubenden Formen der Dolomiten ist ihr geologischer Aufbau: Sie bestehen aus den gehobenen und verwitterten Überresten eines mächtigen Gebirgsstocks; die vorherrschende Gesteinsart ist Dolomit (die Berge sind nach dem Gestein benannt, nicht umgekehrt).

Dolomitgestein enthält – und das ist typisch – zusätzlich zu dem für Kalkgestein üblichen Kalzium große Mengen an Magnesium. Der dolomithaltige Untergrund wirkt sich deutlich auf die Flora aus, vor allem der Vergleich zu entsprechenden Kalksteingebieten ist interessant, deren Pflanzengesellschaften ein anderes Artenspektrum aufweisen. Manche Arten gedeihen auf Dolomit, andere vertragen ihn überhaupt nicht, und einige Arten wie die Zwerg-Primel *(Primula minima)*, die sauren Boden bevorzugen, können auf Dolomit vorkommen, auf Kalk hingegen gar nicht. Charakteristisch für den Dolomit sind zudem zerklüftete und überhängende Felswände, diese sind für das Pflanzenwachstum bestens geeignet und oft besonders artenreich.

Die Flora umfasst etwa 2000 Arten (je nachdem, wie man die geografischen Grenzen der Dolomiten definiert). Die Zahl der endemischen Arten ist erstaunlich gering, was vielleicht daran liegt, dass die Dolomiten kein (geografisch) isoliertes Gebirge sind und Dolomitgestein in der Region auch anderwärtig vorkommt. Einige besonders blumenreiche Habitate stechen hervor, vor allem die Mähwiesen der mittleren Höhenlagen, die Hochweiden, die lichten Wälder sowie die Felshänge und -blöcke. Meist sind die farbenfrohen Mähwiesen noch intakt und sehr artenreich; hier finden sich zum Beispiel Feuer-Lilien *(Lilium bulbiferum)*, mehrere Teufelskrallen-Arten *(Phyteuma* spp.*)*, viele Orchideen, Frühlings-Schlüsselblumen *(Primula veris)*, Glockenblumen *(Campanula* spp.*)*, Läusekraut-Arten *(Pedicularis* spp.*)*, Hauhechel *(Ononis* spp.*)*, Wiesenrauten *(Thalictrum* spp.*)*, Klappertopf *(Rhinanthus* spp.*)* und viele mehr – die Artenzusammensetzung hängt im Einzelnen von der Feuchtigkeit der Wiesen ab. Gewöhnlich sind diese Mähwiesen in der zweiten Junihälfte am lohnendsten.

In höheren Lagen stoßen wir auf die Hochweiden (vielfach als alpine Matten bezeichnet); diese nicht eingezäunten Flächen sind sehr weitläufig und oft von lückenhaften Waldflächen, großen Felsblöcken, Geröllhalden und Gebüschen durchsetzt, häufig enden sie abrupt in steil abfallenden Felswänden. Sie bezaubern durch ihre Farbenvielfalt, das Artenspektrum reicht von den (meisten) Pflanzen der Mähwiesen bis zu Hochgebirgsspezialisten wie Troddelblumen *(Soldanella* spp.*)* und Mannsschild *(Androsace* spp.*)*. Da diese Wiesen aber fast immer beweidet werden, lässt sich ihre beste und blumenreichste Zeit kaum vorhersagen – generell dürfte etwa Ende Juni bis Ende Juli lohnend sein. Die Felsen und Schuttfluren dieser Höhenstufe wirken oft wie ein natürlicher Steingarten, hier wachsen Kostbarkeiten wie die rosa blühende Zwerg-Alpenrose *(Rhodothamnus chamaecistus)*, strahlend blaues Alpen-Vergissmeinnicht *(Myosotis alpestris)*, goldgelber Rätischer Alpen-Mohn *(Papaver rhaeticum)*, Steinbreche *(Saxifraga* spp.*)*, Blaues Mänderle *(Paederota bonarota)* und gelegentlich sogar die bizarre Schopfteufelskralle *(Physoplexis comosa)*, die mit den Teufelskrallen verwandt, aber die einzige Art ihrer Gattung ist.

An einigen Stellen treten ältere kristalline Schiefer und magmatische Gesteine zutage, beispielsweise am Passo Rolle oder an den Steilfelsen östlich des Passo Pordoi. Auch hier ist die Blütenpracht beeindruckend, aber es herrschen andere Arten vor: goldgelber Berg-Wohlverleih *(Arnica montana)*, Fettkraut *(Pinguicula* spp.), Stängelloser Enzian *(Gentiana acaulis)*, Kriechende Nelkenwurz *(Geum reptans)* und Gletscher-Hahnenfuß *(Ranunculus glacialis)* auf den Rasen und Schuttfluren, an den Steilfelsen dagegen bezaubernde Polsterpflanzen wie der strahlend blaue Himmelsherold *(Eritrichium nanum)* oder die gelbe Goldprimel *(Vitaliana primuliflora)*.

Im Fall der Dolomiten ist es nicht nötig, besonders lohnende Standorte herauszugreifen, da fast das gesamte Gebiet eine so grandiose Landschaft und derart blütenreiche Flora besitzt. Oberhalb von 1000 m sind fast alle Orte fantastisch – man muss nur den besten Zeitpunkt für die Blüte abpassen.

Unten Bezaubernde, rosa blühende Zwerg-Alpenrosen an den Hängen der Drei Zinnen (Tre Cime di Lavaredo).

Folgende Doppelseite Diese üppige montane Mähwiese liegt am Tre-Croci-Pass oberhalb von Cortina d'Ampezzo.

Gardaseegebiet: Monte Baldo und Monte Tombea

IN KÜRZE

Ort | Bergrücken auf beiden Seiten des Gardasees, südwestlich von Trient (Trentino) in Norditalien.

Attraktionen | Spektakuläre Blütenpracht mit vielen seltenen, ungewöhnlichen und bezaubernden Pflanzenarten in grandioser Landschaft.

Reisezeit | Viel Sehenswertes von April bis Oktober, am besten jedoch im Juni und Juli.

Schutzstatus | Monte Baldo kaum geschützt, nur wenige Naturschutzgebiete und anhaltende Erschließung in den Höhenlagen. Monte Tombea: Naturpark (Parco Alto Garda Bresciano) und regionales Naturschutzgebiet garantieren einen besseren Schutz.

Gegenüber Ein artenreicher Trockenrasen mit Berg-Baldrian *(Valeriana montana)*, Alpen-Steinquendel *(Acinos alpinus)* und Bunten Flockenblumen auf Kalkgeröll am Monte Baldo.

Der Monte Baldo an der Ostseite des Gardasees ist ein Mekka für Botaniker, ein relativ kleiner, isolierter Gebirgsstock mit lang gestrecktem Rücken und kargen Gipfeln, der an den Seiten teilweise steil abfällt und von tiefen Tälern durchzogen ist. Das Massiv war in den Eiszeiten niemals völlig vergletschert und ist aus Kalkstein, Dolomit und anderen Gesteinen aufgebaut. So entstand ein diverses Mosaik weitgehend ursprünglicher, extrem blütenreicher Habitate mit subalpinen Matten, Geröll- und Schutthalden, Steilfelsen und anderen Felsformationen, Krummholzbeständen, Bergweiden, Mähwiesen und verschiedenen Mischwaldtypen.

Das Besondere am Monte Baldo ist, dass von den dortigen Pflanzen derart viele so außergewöhnlich oder selten sind: Dutzende von Orchideen, die wunderbare Echte Pfingstrose *(Paeonia officinalis)* und Narzissen *(Narcissus* spp.*)*; außerdem die Pflanzen der Felsspalten, wie die Schopfteufelskralle *(Physoplexis comosa)* mit beachtlichen Beständen, ferner das mit dem Ehrenpreis *(Veronica* sp.*)* verwandte Blaue Mänderle *(Paederota bonarota)* oder der seltene Felsen-Seidelbast *(Daphne petraea)*. Dazu kommen die Monte-Baldo-Anemone *(Anemone baldensis,* auch Tiroler Windröschen genannt*)*, mehrere Lilien *(Lilium* spp.*)* und Hunderte weiterer Pflanzen. Auf der Westseite des Gardasees liegt der fast genauso interessante Monte Tombea.

Die schönsten Pflanzen sind zum Großteil auf den Schutthalden und Steilfelsen der oberen Lagen heimisch – manche sind oberhalb von 1500 m sogar recht häufig, andere kommen nur in bestimmten Höhenstufen vor. Die silberblättrigen Kissen des Dolomiten-Fingerkrauts *(Potentilla nitida)* mit auffälligen rosa Blüten wachsen oft gemeinsam mit der rosa oder rot blühenden Zwerg-Alpenrose *(Rhodothamnus chamaecistus)*; diese ist für höhere Felsstandorte der östlichen Kalkalpen typisch und gehört zu den attraktivsten Heidekrautgewächsen überhaupt. Die merkwürdige Schopfteufelskralle, eine unverwechselbare Verwandte der Teufelkrallen *(Phyteuma* spp.*)*, ist auf den Steilfelsen recht verbreitet; ihre schwarz geschnäbelten, zart bläulich rosafarbenen Blüten stehen in schopfigen Blütenständen und erscheinen von Juli bis August. Besondere Kostbarkeiten sind ferner zwei «Fast-Endemiten», der rosa blühende Felsen-Seidelbast und Kerners Schmuckblume *(Callianthemum kernerianum)* mit weißen Blüten oder die seltene Elisabeths Lichtnelke *(Silene elisabethae)* mit auffällig großen rosaroten Blüten. Bei der Bergstation der Seilbahn (1752 m) beginnt der schöne, gut ausgezeichnete *Sentiero del Ventrar*; dieser wurde gezielt angelegt, um manche der zerklüfteten Felsbereiche überhaupt zugänglich zu machen. Diese Tour ist zwar nicht schwierig, Trittsicherheit und Schwindelfreiheit sind jedoch nötig, denn an manchen Stellen fällt das Gelände steil ab.

Große Bereiche des Monte Baldo sind mit Wiesen bedeckt: Da sind einerseits die Bergwiesen mit Dichter-Narzissen *(Narcissus poeticus)*, Weißer Trichterlilie *(Paradisea liliastrum)*, Gelbem Enzian *(Gentiana lutea)*, Trollblumen *(Trollius europaeus)*, blaupurpurnen Alpen-Astern *(Aster alpinus)*, rosaroter Alpen-Heckenrose *(Rosa pendulina)*, blauem Clusius-Enzian *(Gentiana clusii)* und Kugelorchis *(Traunsteinera globosa)*. In tieferen Lagen finden sich andererseits saftige Wiesen und Weiden mit Unmengen von Orchideen, Strahlen-Ginster *(Genista radiata)*, Türkenbund *(Lilium martagon)*, blau blühender Bunter Flockenblume *(Centaurea triumfettii)*, Geknäuelter Glockenblume *(Campanula glomerata)*, Kugeliger Teufelskralle *(Phyteuma orbiculare)*, zweierlei Akelei *(Aquilegia* spp.*)* und einer Fülle anderer Arten. Auf manchen

GARDASEEGEBIET: MONTE BALDO UND MONTE TOMBEA

eher trockenen, felsigen und sonnigen Wiesen wachsen große Mengen der rot, teils auch rosa blühenden Echten Pfingstrose. Auch die Waldränder sind sehr artenreich: Immenblatt *(Melittis melissophyllum)*, gelb blühender Fingerhut *(Digitalis* sp.*)*, Pfingstrosen, verschiedene Nieswurzen *(Helleborus* spp.*)* und Orchideen drängen sich dicht an dicht; Maiglöckchen *(Convallaria majalis)* bilden duftende Teppiche, dazwischen wächst Alpen-Goldregen *(Laburnum alpinum)* als kleiner Baum oder großer Strauch – und diese Aufzählung ist nur ein kleiner Ausschnitt!

Das gesamte Gebiet ist recht gut zu erreichen. Die Ostseite des Monte Baldo ist größtenteils durch eine schmale Fahrstraße erschlossen, davon zweigen zahlreiche Wanderwege und eine Seilbahn in die höheren Gebiete ab. Die bekannte Monte-Baldo-Seilbahn auf der Westseite führt direkt von Malcesine am Gardasee bis auf über 1700 m; das Gebiet rund um die Bergstation ist an Wochenenden und in den Ferien allerdings ziemlich überlaufen. Der Monte Tombea ist von der Ost- und Westseite her über Wirtschaftswege zu erreichen, vor allem über den Tremalzo-Pass und die alte Militärstraße in der Nähe.

Gegenüber Alpen-Astern und Trauben-Steinbrech *(Saxifraga paniculata)*, im Hintergrund die steile Westseite des Monte Baldo.

Unten Im Schutz eines Wacholdergebüschs *(Juniperus* sp.*)* entfaltet diese Echte Pfingstrose ihre prächtigen rosaroten Blüten.

EUROPA | ITALIEN

Piano Grande, Monti-Sibillini-Nationalpark

IN KÜRZE

Ort | Südlicher Teil des Nationalparks Monti Sibillini, östlich von Norcia, rund um den Ort Castelluccio.

Attraktionen | Gute Bergflora (übliches Artenspektrum); im Piano Grande aber außergewöhnlicher Blütenreichtum von Getreideunkräutern und Wiesenblumen; Wildblumen-Festival im Juni.

Reisezeit | Blütenhöhepunkte in den «Piano»-Gebieten von Mitte Mai bis Ende Juni; die Bergblumen blühen im Lauf von Frühjahr und Sommer kontinuierlich auf.

Schutzstatus | Das gesamte Gebiet liegt innerhalb des Nationalparks; das Schutzniveau ist hoch und das Management gut.

Wer vom malerischen Norcia mit seiner alten Stadtmauer über die waldigen Hänge der Sibyllinischen Berge (Monti Sibillini) zum hoch gelegenen Dorf Castelluccio fährt, ahnt kaum, was ihn auf der Höhe erwartet. In diesem Teil von Mittelitalien gibt es am Apennin viele ähnliche Berghänge, die zwar durch ihren Blütenreichtum auffallen, aber nicht außergewöhnlich sind. Sobald man aber den Pass auf 1500 m überquert und einen ersten Blick in die große Senke des Piano Grande wirft, wird sofort klar, dass es sich hier um einen besonderen Ort handelt. Und es macht keinen Unterschied, ob der Piano Grande unter dichtem Nebel verborgen, mit dunklen Gewitterwolken verhangen oder klar und sonnig ist – der erste Blick ist immer ein Erlebnis.

Rechts Frühlingsbeginn in den Buchenwäldern oberhalb des Piano Grande – Zeit der Leberblümchen.

Gegenüber Kornblumen, Hundskamille (*Anthemis* sp.) und Klatsch-Mohn, so weit das Auge reicht; hier konnte sich eine Getreideunkraut-Gesellschaft entwickeln, wie sie für den Piano Grande typisch ist.

Oben Auch an den unteren Berghängen sind manche Felder ein Blütenmeer; im Hintergrund ein Ackerrain mit blauvioletter Feinblättriger Wicke.

Der Piano Grande (was so viel wie «große Ebene» bedeutet) ist das typische Beispiel einer Polje, einer (oberflächlich abflusslosen) Senke in Karstgebieten, die unterirdisch entwässert wird. Poljen kommen in vielen Gebirgsmassiven Südeuropas vor, vor allem in Griechenland, Italien und den Ländern des ehemaligen Jugoslawien, überall dort, wo das Kalkgestein so durchlässig ist, dass Regen und Schmelzwasser versickern können, und daher kein (oberirdischer) Fluss entsteht, der zur Erosion des Geländes und zur Talbildung führt. In den nacheiszeitlichen, kühleren und feuchteren Klimaperioden bildete das Wasser einen See, da der Zufluss rascher erfolgte, als es versickern konnte. Dadurch konnten sich allmählich Sedimentschichten aufbauen; als dann das Klima wärmer wurde, ging die Wassermenge im See zurück und der Seeboden fiel nach und nach trocken. Kaum überraschend, dass diese Gebiete flach und sehr fruchtbar sind; da sie sich meistens in Höhenlagen befinden, wo eine landwirtschaftliche Nutzung möglich ist, wurden sie gerne besiedelt, um Ackerbau und Viehzucht zu treiben. Der Piano Grande ist mit 10 km Durchmesser eine besonders große Polje, er ist rundum von hohen Kalkgipfeln umgeben.

Viele dieser Poljen besitzen eine interessante Flora, denn oft werden diese Gebiete nicht intensiv landwirtschaftlich genutzt, da sie abgelegen, im Winter kalt und zeitweilig überflutet sind. Mit seiner artenreichen Flora der Wiesen und Weiden, für die Dichter-Narzisse *(Narcissus poeticus)*, Holunder-Knabenkraut *(Dactylorhiza sambucina)* und Schachblumen *(Fritillaria sp.)* typisch sind, bildet der Piano Grande keine Ausnahme. Außergewöhnlich ist jedoch die Vielfalt der Ackerunkräuter, denn durch die Schaffung des Nationalparks Monti Sibillini wurde die traditionelle Landwirtschaft mit ihrer speziellen Flora hier fast wie in einem Museum konserviert. Die trockeneren Bereiche der Hochebene werden von Äckern eingenommen, die aufgrund von Erbteilungen meistens recht klein sind. Nur selten wachsen auf zwei benachbarten Feldern dieselben Kulturen (sehr häufig werden allerdings die berühmten Berglinsen von Castelluccio angebaut), sodass die Felder auch nach einem unterschiedlichen Schema gepflügt und bearbeitet werden. Da man keine Pestizide einsetzt, kommt auf den Kulturflächen ein fantastisches Spektrum von einjährigen und kurzlebigen mehrjährigen Unkräutern vor, und so entwickelt sich aus dem Mosaik der kleinen Ackerparzellen im Lauf des Frühlings ein bunter Flickenteppich. Da gibt es ein Feld, das leuchtend blau vor lauter Kornblumen *(Centaurea cyanus)* ist, daneben vielleicht zwei Äcker, auf denen roter Klatsch-Mohn *(Papaver rhoeas)* dominiert, in der Nachbarschaft dann große Bestände der wunderbar nach Honig duftenden rosa Futter-Esparsette *(Onobrychis viciifolia)*. Oder man stößt auf Flecken, in denen die rosaviolette Kornrade *(Agrostemma githago)* vorherrscht, manchmal gesellen sich vielleicht Weiße Lichtnelke *(Silene latifolia)* und das Gewöhnliche Leinkraut *(Linaria vulgaris)* mit langen, gelben Blütentrauben dazu. Gelegentlich sind die einzelnen Äcker durch wallartige Feldraine getrennt, die sich durch das jahrhundertelange Pflügen herausgebildet haben; diese sind oft dicht mit blauvioletter Feinblättriger Wicke *(Vicia tenuifolia)* bewachsen, dazwischen ragen gelbe Windblumen-Königskerzen *(Verbascum phlomoides)* heraus. All diese Arten sind zwar in Südeuropa recht verbreitet, doch nirgendwo sonst finden sich Jahr für Jahr derart große Bestände und derart prächtige bunte Blumenteppiche wie im Piano Grande.

Auf den Feldern kommen dazu zahlreiche seltenere Arten vor, vom unscheinbaren, Rosetten bildenden Acker-Mannsschild *(Androsace maxima,* auch Großer Mannsschild genannt) bis zum auffälligen violetten Gewöhnlichen Frauenspiegel *(Legousia speculum-veneris)* und einigen der selteneren Mohnarten *(Papaver* spp.*)*. Die Hügel rund um die Hochebene besitzen eine schöne Bergflora, hier wird kein Ackerbau getrieben: Im Frühling blühen auf den Magerrasen zahllose Krokusse

(*Crocus* spp.), Orchideen, Frühlings-Schlüsselblumen *(Primula veris)* und Gelbsterne *(Gagea* spp.), während in den Wäldern große Trupps von Anemonen *(Anemone* spp.) und Leberblümchen *(Anemone hepatica)* wachsen, später gefolgt von einer Fülle der verschiedensten Bergblumen. Zwar gibt es im Gebiet noch weitere «Pianos», doch keiner ist so spektakulär wie der Piano Grande.

Im Ort Castelluccio findet Mitte Juni, meistens gleichzeitig mit dem Höhepunkt des Blütenspektakels, ein Blumenfest statt. Der Mai ist die beste Zeit für Narzissen, Schachblumen und die früher blühenden Orchideen.

Unten Sommer im Piano Grande – an den Straßenrändern entwickelt sich oft eine ungeheuer farbenprächtige Einjährigen-Flora.

Gargano-Halbinsel, Apulien

IN KÜRZE

Ort | Große Halbinsel an der Ostküste Italiens («Sporn» des italienischen «Stiefels»), nordöstlich von Foggia.

Attraktionen | Wunderbare Frühlingsflora, die bis in den Frühsommer andauert, inmitten von reizvoller, historisch geprägter Mittelgebirgslandschaft; besonders gut für Orchideen und Irisarten.

Reisezeit | Höhepunkte von Anfang April bis Anfang Mai; für manche Arten ist auch der Herbst lohnend.

Schutzstatus | Nominell im Rahmen des Nationalparks Gargano geschützt, doch die Schutzmaßnahmen vor Ort sind begrenzt und ein Teil der Arten nimmt im Bestand weiterhin ab.

Gegenüber Eine typische, farbenfrohe Gargano-Magerweide – voller Iris, Orchideen und Hahnenfuß.

Die Fahrt zum Gargano wirkt fast wie die Fahrt zu einer Insel: Zuerst durchquert man die weite Ebene bei Foggia, bevor man zum Promontorio del Gargano (Gargano-Vorgebirge) gelangt, das steil ansteigt und oft wolkenverhangen ist. In der Tat ist der Gargano geografisch, kulturell und ökologisch ähnlich abgetrennt wie eine Insel. Die herrliche Landschaft ist von der Geschichte geprägt, und die Spuren einer jahrtausendealten Landwirtschaftstradition lassen sich an den kleinen Feldern, Steinmauern und historischen Gebäuden ablesen.

Auf dem Gargano sind über 2000 Pflanzenarten heimisch – für eine kleine Halbinsel aus verkarstetem Kalkstein ist das eine stattliche Zahl, doch noch erstaunlicher ist die schiere Fülle der Pflanzen. Manche Gegenden geben ihre botanischen Kostbarkeiten nur nach und nach preis – nicht so auf der Gargano-Halbinsel: Hier «stolpert» man quasi an jeder Ecke über die Besonderheiten. Am bekanntesten ist das Gebiet wegen seines Orchideenreichtums, der in Artenvielfalt und Menge seinesgleichen sucht. Angeblich kommen hier über 80 Orchideenarten vor (allerdings schwankt diese Zahl je nach der zugrunde gelegten Systematik), und es gibt wirklich überall Orchideen, vor allem im April und Anfang Mai. Weit verbreitete Arten wie Schmetterlings- (*Orchis papilionacea*) und Kleines Knabenkraut (*O. morio*) sowie Ohnhorn (*O. anthropophora*, auch Puppenorchis genannt) wachsen in Hülle und Fülle; dazwischen finden sich größere oder kleinere Mengen der für den Gargano speziellen Orchideenarten: die passend benannte Gargano-Ragwurz (*Ophrys garganica*), die wesentlich dunklere rotbraune Siponto-Ragwurz (*O. sipontensis*; nach dem kleinen Ort Siponto benannt) oder die bezaubernde Apulische Ragwurz (*O. holoserica* subsp. *apulica*); sie alle werden zur Verwandtschaft der Spinnen-Ragwurzen gerechnet; allerdings ist die *Ophrys*-Systematik insgesamt umstritten. Für Orchideenliebhaber ist der Gargano ein Paradies, doch auch für Nicht-Spezialisten hat er viel zu bieten.

Der Gargano besteht fast vollständig aus hartem Kalkgestein, das geologisch eher mit den Kalken von Montenegro und Serbien verwandt ist als mit den Gesteinen im restlichen Mittelitalien. Vorherrschend sind kleine, von Trockenmauern umgebene Flächen und alte, nicht eingezäunte Allmendeflächen. Der Blütenflor variiert und ist von der jeweiligen Witterung und Intensität der Beweidung abhängig, in guten Jahren sind Vielfalt und Farbenreichtum jedoch erstaunlich. Auf manchen Magerweiden wachsen Unmengen von purpurvioletten, blauen und gelben Iris, dazwischen stehen Orchideen, die semiparasitische Breitblättrige Bartsie (*Parentucellia latifolia*) mit roten und weißen Blüten oder Gruppen von gelbem Hahnenfuß (*Ranunculus* sp.). Andere Flächen sind vielleicht von Orchideen dominiert, daneben wachsen Tuffs des zarten, weiß blühenden Knöllchen-Steinbrechs (*Saxifraga granulata*) oder der Grünblütigen Wicke (*Vicia melanops*) mit ihren grüngelb-schwarzen Blüten.

In den höheren Lagen herrschen alte, weitgehend sommergrüne Laubwälder vor. In den besten Gebieten, zum Beispiel dem Bosco Quarto oder der Foresta Umbra, wächst eine wunderschöne Frühlingsflora: Teppiche aus blauen oder weißen Apenninen-Windröschen (*Anemone apennina*), duftende Dichter-Narzissen (*Narcissus poeticus*) und Leberblümchen (*Anemone hepatica*) in mehreren Farben bilden den Unterwuchs; ferner kommen Orchideen aus der Verwandtschaft des Römisches Knabenkrauts (*Dactylorhiza-romana-sambucina*-Gruppe) vor, wilde Laucharten (insbesondere Hängender Lauch, *Allium pendulinum*), rote Pfingstrosen (*Paeonia* sp.) und viele andere.

GARGANO-HALBINSEL, APULIEN

Im Spätsommer blühen zahllose rosapurpurne Alpenveilchen (Cyclamen sp.) auf. In den Getreidefeldern kommen häufig farbenfrohe Unkräuter wie Kornblumen (Centaurea cyanus) und Mohn (Papaver sp.) vor; an feuchteren Stellen findet sich sogar die inzwischen seltene gelbe Südalpine Tulpe (Tulipa sylvestris subsp. australis). Selbst Steilfelsen und schattige alte Steinmauern, zum Beispiel an der Nordseite des Kastells von Monte Sant'Angelo, sind mit Blüten bedeckt: Hier wachsen üppige Polster des Blaukissens (Aubrieta columnae), die gelbe Kriechende Gämswurz (Doronicum pardalianches), Gefleckte Waldwurz (Neotinea maculata) und große Tuffs der rosafarbenen Gargano-Taubnessel (Lamium garganicum).

Viele Faktoren sind dafür verantwortlich, dass der Gargano eine so außergewöhnliche Flora besitzt. Der harte, relativ unfruchtbare Kalkstein-Untergrund fördert eher konkurrenzschwache Pflanzenarten (anstelle der durchsetzungsfähigeren Gräser) und hat außerdem die landwirtschaftliche Nutzung eingeschränkt. Da das Gebiet bereits seit Jahrtausenden besiedelt ist, konnte sich eine große Habitatvielfalt mit entsprechendem Artenreichtum entwickeln. Die Landwirtschaft wurde aber selten so intensiv betrieben, dass sie die große Artenvielfalt zerstört hätte. Auch das Klima spielt eine wichtige Rolle: Es ist so warm, dass ein reiches Artenspektrum existieren kann, gleichzeitig aber feuchter als in vielen anderen Mittelmeerregionen. Wie dem auch sei – das Ergebnis ist fantastisch, tatsächlich eines der schönsten Wildblumen-Reiseziele in Europa.

Gegenüber Alte Allmendeflächen mit einem imposanten Bestand an Schmetterlings-Knabenkraut, dazwischen vereinzelte kleine Iris, Schweinssalat (Hyoseris sp.) und viele mehr.

Unten Ein Alexis-Bläuling (Glaucopsyche alexis) auf einem Kleinen Knabenkraut.

Ganz unten Frühling im Gargano: vier Orchideenarten und eine Iris.

Sizilien

VON ADRIAN MÖHL

IN KÜRZE

Ort | Größte Insel im Herzen des Mittelmeers.

Attraktionen | Reichhaltige Küstenfloren, bunte Ruderalfluren, endemitenreiche Gebirge.

Reisezeit | Die besten Monate für die tieferen Lagen sind März und April. In den Gebirgen ab Mai. Für die herbstblühenden Arten eignen sich September und Oktober.

Schutzstatus | Regionalparks. Viele Naturparks und lokale Schutzgebiete.

Rechts Im Frühling erfüllt die Füllhorn-Fedie *(Fedia cornucopiae)* mit ihren rosa Blüten die Wünsche der Blumenliebhaber.

Gegenüber, oben Ein Tausendblumen-Teppich im Wildbirnen-Eschenwald von Ficuzza.

Gegenüber, unten Die Silber-Winde *(Convolvulus cneorum)* krönt die Felsen am Capo Zafferano.

Die größte Insel des Mittelmeers ist ein botanisches Paradies sondergleichen. Sie bietet sowohl für Kenner von speziellen und seltenen Arten als auch für Liebhaber von farbigen Blütenteppichen einige Attraktionen. Das Klima ist typisch mediterran. Weil die Insel so zentral im Mittelmeer liegt, findet man hier sowohl Einflüsse der west- wie der ostmediterranen Pflanzenwelt. Die Insel ist fast überall extrem artenreich und reichhaltig, deswegen fällt die Wahl der besten Reisedestination nicht leicht. Im frühen Frühjahr ist der Westen mit dem Naturpark Lo Zingaro die beste Wahl. Ab Mitte März blüht es hier in allen Farben. Um diese Zeit zeigen sich hier auch die ersten thyrrhenischen Endemiten wie etwa Rosmarinblättrige Steinsame *(Lithodora rosmarinifolia)*, Thyrrhenische Schleifenblume *(Iberis semperflorens)*, Silber-Winde *(Convolvulus cneorum)* oder die nur am Monte Cafano und auf der Insel Marettimo vorkommende Sizilianische Heide *(Erica sicula)*. Zwischen den Endemiten findet sich eine reichhaltige mediterrane Flora, die zu ausgedehnten Exkursionen einlädt. Im April ist die Hochebene der Monti Iblei einen Abstecher wert. Dank der extensiven, kleinflächigen Landwirtschaft gleicht die Frühlingslandschaft hier einem Gemälde von Monet. Die gelben Punkte sind bei genauerem Hinschauen Junkerlilien *(Asphodeline lutea)* und Kronen-Wucherblumen *(Glebionis coronaria)*, die roten Mohn *(Papaver sp.)*, die rosafarbenen Milchfleckdisteln *(Galactites tomentosa)* und die blauen Wegerichblättriger Natternkopf *(Echium plantagineum)* oder Färber-Alkanna *(Alkanna tinctoria)*. Die Monti Iblei sind ein Kalkplateau, der helle Kalkstein wurde hier zum Bau von kilometerlangen Trockenmauern verwendet. So wird die ganze Farbenpracht immer wieder von den weißen Linien der Trockenmauern zerschnitten, die zum schönen Landschaftsbild beitragen. Orchideenfreunde wissen, dass die Monti Iblei im April eine riesige Fülle an Ragwurzen und Knabenkräutern bietet. Die auf Sizilien endemische Halbmond-Ragwurz *(Ophrys lunulata)* oder der seltene Lacaitas Ragwurz *(Ophrys lacaitae)* können hier regelmäßig ge-

funden werden. Auch für Ornithologen bietet die reich strukturierte Landschaft so manche Möglichkeit, einen Wiedehopf *(Upupa epops)* oder eine Blaumerle *(Monticola solitarius)* vor die Linse zu bekommen. Im Mai locken dann die Gebirge im Norden: die wilden Madonien oder die etwas sanfteren Nebrodi. In Letzteren ist besonders der Bosco di Mangialavita oberhalb des schönen Dörfchens Longi eine botanische Exkursion wert. Hier gibt es Teppiche aus farbigen Frühlingsblumen, und auch eine große botanische Spezialität ist hier zu Hause: die Petagnie *(Petagnaea gussonei)* aus der Familie der Doldenblütler.

In den Madonien, genauer am Eingang des Vallone degli Angeli, locken die Schwertlilienfelder mit der Zwerg-Schwertlilie *(Iris pseudopumila)* und Tausenden Exemplaren des sonst so seltenen Branciforts Knabenkrauts *(Orchis brancifortii)*. Orchideenliebhaber kommen hier ohnehin auf ihre Kosten. Das Vallone degli Angeli bietet neben einer wunderbaren Landschaft botanisch so vieles: rosa Pfingstrosen *(Paeonia mascula)*, Pruitis Schleifenblume *(Iberis pruitii)*, wunderbar blauen Madonien-Lein *(Linum punctatum)* und als botanischen Höhepunkt die letzten ausgewachsenen Exemplare der einst weit verbreiteten Nebrodi-Tanne *(Abies nebrodensis)*.

In den Herbstmonaten lohnt sich besonders ein Ausflug an den Ätna. Dann stehen die endemisch vorkommenden Ätna-Birken *(Betula aetnensis)* in ihrem schönen goldenen Kleid. Und mit etwas Glück findet man im Oktober in der schwarzen Lava die leuchtenden Goldkrokusse *(Sternbergia lutea)*.

Julische Alpen

IN KÜRZE

Ort | Im äußersten Nordosten von Slowenien, westlich von Bled und südlich von Kranjska Gora.

Attraktionen | Ursprüngliches Gebirgsmassiv mit bunten Mähwiesen und Bergweiden; ausgezeichnete Wandermöglichkeiten; reiche Vogel- und Schmetterlingsfauna; jährliches Alpenblumen-Festival.

Reisezeit | Beste Zeit für die Mähwiesen Ende Mai und Anfang Juni, für die (höheren) Bergweiden von Anfang Juni bis Ende Juli; von April bis Ende Oktober lohnend.

Schutzstatus | Fast das gesamte Gebiet liegt innerhalb des Nationalparks Triglav, dieser ist Biosphärenreservat und Natura-2000-Schutzgebiet.

Gegenüber, oben Die Alpen-Waldrebe *(Clematis alpina)* mit ihren nickenden, zarten Blüten rankt oft über Gebüsche und Felsblöcke.

Gegenüber, unten Margeriten *(Leucanthemum vulgare)* und Gewöhnlicher Natternkopf in einer Mähwiese beim Bohinj-See (Wocheiner See).

An der Grenze von Slowenien, Italien und Österreich läuft der große Alpenbogen nach Südosten hin allmählich aus. Dort befinden sich die Julischen Alpen, ein hohes und schroffes Kalksteinmassiv. Diese herrliche Gegend ist durch eine interessante Mischung aus mitteleuropäischer, slawischer und mediterraner Kultur gekennzeichnet und verfügt über eine reiche Geschichte und landwirtschaftliche Tradition. Das Heu wird noch auf hölzernen Heureitern getrocknet, jedes Haus besitzt einen Gemüsegarten, dazu Obstbäume und Brennholzvorräte für den Winter. Bis vor Kurzem war hier auch der Massentourismus, der viele Alpenregionen heimsucht, noch nicht bekannt, doch all dies verändert sich allmählich, vor allem seit Slowenien EU-Mitglied ist.

Bisher konnten die vielen Blumen überleben, hauptsächlich dank des Nationalparks und der nach wie vor traditionellen Landwirtschaft, die in den Pufferzonen des Nationalparks (auch finanziell) gefördert wird. Die artenreiche Flora setzt sich aus den in den Alpen insgesamt verbreiteten sowie den speziell ostalpinen Arten zusammen, dazu kommen häufige Tieflandarten und ein mediterranes Element, was an den warmen Sommern liegt. Es gibt einige echte slowenische Endemiten, wie den Triglav-Pippau *(Crepis terglouensis)* und Ernest Mayers Alpen-Mohn *(Papaver alpinum* subsp. *ernesti-mayeri)*, doch meistens handelt es sich um Ostalpen-Endemiten, die in einem größeren Gebiet verbreitet sind.

Beim Aufstieg erreicht man immer als Erstes die blumenreichen Mähweisen, die vor allem in Höhen über 500 m verbreitet sind. Manche haben sich durch übermäßige Düngung zu gräserdominierten Monokulturen entwickelt, doch die meisten haben ihre ursprüngliche Blütenfülle bewahrt und liefern gleichzeitig hochwertiges Qualitätsheu. In vielen Wiesen bildet der Gewöhnliche Natternkopf *(Echium vulgare)* blaue Teppiche, häufig begleitet von blauviolettem Wiesen-Salbei *(Salvia pratensis)*, gelbem Klappertopf *(Rhinanthus* spp.), Mittlerem Wegerich *(Plantago media)*, Weißer Schwalbenwurz *(Vincetoxicum hirundinaria)* und rotvioletten wilden Thymianarten *(Thymus* spp.). Ferner finden wir gelbe Sonnenröschen *(Helianthemum* spp.), die dunklen Blüten des Braunen Storchschnabels *(Geranium phaeum)*, die blauviolett blühende Geknäuelte Glockenblume *(Campanula glomerata)*, mehrere blaue Ehrenpreis-Arten *(Veronica* spp.) und mindestens ein Dutzend Orchideenarten. An feuchteren, eher schattigen Stellen entdeckt man vielleicht die fantastischen orangeroten Blüten der Krainer Lilie *(Lilium carniolicum)*, dazu duftende weiße Maiglöckchen *(Convallaria majalis)*, diverse Knabenkräuter *(Dactylorhiza* spp.), Kleinen Baldrian *(Valeriana dioica)* und Gewöhnliche Simsenlilie *(Tofieldia calyculata)*.

Oberhalb der Mähwiesen dehnen sich große Buchen- und Fichtenwälder aus – ein wunderbarer Lebensraum für viele Wildtiere, der aber kaum durch besonderen Blütenreichtum auffällt. Wenn man weiter emporsteigt, gelangt man zu den höheren Bergweiden, beispielsweise am Vršič-Pass, bei der Bergstation der Vogel-Seilbahn oder auf verschiedenen Höhenwegen zum Gipfel des Triglav. Dort stößt man auf zahlreiche blühende Kostbarkeiten: Schwarze Akelei *(Aquilegia atrata)*, gelbe Trollblumen *(Trollius europaeus)* und zartgelbe Hohe Schlüsselblumen *(Primula elatior)*. Kriechender Günsel *(Ajuga reptans)*, Pyramiden-Günsel *(A. pyramidalis)* und Zypressen-Wolfsmilch *(Euphorbia cyparrisias)* drängen sich neben Fuchs' Knabenkraut *(Dactylorhiza fuchsii)*, Mücken-Händelwurz *(Gymnadenia conopsea)*, Bach-Nelkenwurz *(Geum rivale)*, Neunblättriger Zahnwurz *(Cardamine enneaphyllos)* und Echtem Salomonssiegel *(Polygonatum odoratum)* mit seinen elegant gebogenen Blütenständen. Wenn der Schnee im Frühling nach und nach abtaut, erscheinen Krokusse und die weißen (manchmal rosaweißen) Blüten der Christrose *(Helleborus niger)*; im Herbst blühen hier zahllose Herbstzeitlosen *(Colchicum autumnale)*. In noch höheren Lagen wachsen alpine Arten wie Zwerg-Alpenrose *(Rhodothamnus chamaecistus)*, die dicht mit rosa Blüten besetzten Kissen des Dolomiten-Fingerkrauts *(Potentilla nitida)*, graublaue Kugelblumen *(Globularia* sp.) sowie etliche Glockenblumen- *(Campanula* spp.) und Steinbrech-Arten *(Saxifraga* spp.).

Seit ein paar Jahren existiert das Internationale Alpenblumen-Festival in Bohinj, das den Blumenreichtum und die botanischen Besonderheiten der Gegend bekannter machen soll. Das Festival findet immer gegen Ende Mai statt und bietet inzwischen eine Fülle von Veranstaltungen, zum Beispiel geführte Naturwanderungen, Workshops, Seminare, Konzerte und andere Aktivitäten rund um die Alpenblumen.

Die Magerwiesen und Magerweiden von Süd-Siebenbürgen

IN KÜRZE

Ort | Südlich von Sighișoara (Schäßburg), das Gebiet liegt ungefähr zwischen Sibiu (Hermannstadt), Făgăraș (Fogarasch) und Rupea (Reps).

Attraktionen | Außergewöhnliche Blütenpracht und reiches Insektenleben in einer historischen Kulturlandschaft.

Reisezeit | Fast jederzeit von April bis Oktober interessant; größter Blütenreichtum im Juni und Anfang Juli.

Schutzstatus | Der größte Teil des Gebiets ist Natura-2000-Schutzgebiet; allerdings ist noch nicht klar, wie effektiv dieser Schutzstatus ist. Wesentlich für den Erhalt von Landschaft und Biodiversität ist das Überleben einer traditionellen, nachhaltigen Landwirtschaft im Rahmen von modernen Lebensformen im ländlichen Raum.

Gegenüber Schwarzwerdender Geißklee *(Cytisus nigricans)* und etliche andere Arten überziehen die zuckerhutähnlichen Hügel («Büchel») beim Dorf Apold (Trappold).

Wenn man die alten Dörfer der Siebenbürger Sachsen besucht, ist es, als ob man ins bäuerliche Europa des Mittelalters zurückkehrt, in eine Zeit, als jede Siedlung ausschließlich in Verbindung mit der umgebenden Landschaft existierte. Nirgendwo sonst in Europa kann man die mittelalterliche Landwirtschaftsform so gut verstehen und die davon abhängigen Pflanzen und Tiere beobachten.

Die Geschichte Siebenbürgens ist hochinteressant: Im 12. Jahrhundert holte der ungarische König Geza II. «Sachsen» (in Wirklichkeit Bewohner des westlichen Rheinlands bis hinunter ins Elsass) in das Gebiet, das heute auf Rumänisch als Ardeal oder Transilvania bezeichnet wird. Die Siedler sollten mithelfen, das Land gegen die Tartaren zu verteidigen, sowie dringend benötigte landwirtschaftliche, handwerkliche und kaufmännische Expertise einbringen. Das Land wurde zur Verfügung gestellt; die «Sachsen» nahmen es im Lauf der nächsten Jahrhunderte nach und nach in Besitz und erbauten Städte und Dörfer. Die ländlichen Dörfer waren in sich geschlossene, gut organisierte Gemeinwesen. In Dorfnähe lagen die Ackerflächen, weiter entfernt auf fruchtbaren Böden die Mähwiesen, dazu kamen ausgedehnte Allmendeflächen (Huteweiden) und Waldgebiete auf den Höhenzügen – und all dies wurde von den Dorfbewohnern nachhaltig genutzt. Dieses System war auch andernorts weit verbreitet, doch nur in Rumänien hat es wirklich überlebt. Sogar die eigentlichen Dörfer kommen in dieser Form nirgendwo in Europa mehr vor. Es war eine genau geregelte und effiziente Art der Landnutzung, da sie jedoch auf einer extensiven Weidewirtschaft mit Rindern und Schafen beruhte und moderne Dünger oder Pestizide noch nicht existierten, entwickelten sich erstaunlich arten- und blumenreiche Graslandschaften – die heute noch erhalten sind.

Europaweit gesehen, besitzt Süd-Siebenbürgen höchstwahrscheinlich die größten noch erhaltenen Tieflandflächen mit artenreichen Magerwiesen und Magerweiden. Wenn man im Juni zum Beispiel auf einer Anhöhe über dem altertümlichen Dorf Viscri (Weißkirch) steht, erblickt man fast nur naturnahe Weideflächen und dazwischen einige Wälder. Die Gegend ist historisch und soziologisch faszinierend und auch für Naturfreunde fantastisch; denn die Menge der Blütenpflanzen ist außergewöhnlich (darunter viele seltene und bedrohte Arten) und auch die Zahl der Schmetterlinge und anderer Insekten ist hoch. Nach Meinung von Fachleuten können die besten Magerwiesen und Magerweiden Siebenbürgens es mit den artenreichsten Pflanzengesellschaften der Welt aufnehmen. Doch Zahlen beiseite: Siebenbürgen ist vom Frühling bis zum Herbst ein wunderbares Reiseziel.

Wenn die Blumensaison ihren Höhepunkt erreicht, erscheinen die Magerwiesen und Magerweiden vielleicht gelb vor lauter Klappertopf *(Rhinanthus* spp.*)* und Echtem Labkraut *(Galium verum)*, manchmal auch rosa durch Futter-Esparsette *(Onobrychis viciifolia)* oder Bunte Kronwicke *(Coronilla varia)*, dann wiederum rotviolett durch Helm-Knabenkraut *(Orchis militaris)* oder Große Kreuzblume *(Polygala major)*, schließlich blau mit Wiesen-Salbei *(Salvia pratensis)* und Feinblättriger Wicke *(Vicia tenuifolia)*. Manche Stellen sind wie ein gelber Teppich aus Färber-Ginster *(Genista tinctoria)* oder Flügel-Ginster *(Chamaespartium sagittale)* oder mit den cremeweißen Blüten des Kleinen Mädesüß *(Filipendula vulgaris)* oder blauen und gelben Leinarten *(Linum* spp.*)* überzogen. An steileren oder trockeneren Plätzen wachsen viele seltene Pflanzenarten, manchmal in erstaunlicher Fülle – hier ein rot blühender Natternkopf

(Echium russicum), dort Diptam *(Dictamnus albus)*, Ganzblättrige Waldrebe *(Clematis integrifolia)*, Frühlings-Adonisröschen *(Adonis vernalis)* oder mehrere Arten an Wachtelweizen *(Melampyrum* spp.*)*, dann wieder tiefblauer Nickender Salbei *(Salvia nutans)*, ferner Glockenblumen *(Campanula* spp.*)* und zahlreiche Orchideen, um nur einige zu nennen. Ende Juni oder Anfang Juli beginnt die Zeit der Schmetterlinge, außerdem kann man etliche Vogelarten beobachten.

Doch obwohl die Gegend so reich, bukolisch und stabil wirkt, ist sie stark bedroht, da viele Siebenbürger Sachsen nach der Wiedervereinigung nach Deutschland zurückgekehrt sind und die neuen EU-Regulierungen die Landwirte zu unerwünschten Veränderungen zwingen. Kürzlich wurde das gesamte hier besprochene Gebiet allerdings zum Natura-2000-Schutzgebiet erklärt, was für die Zukunft hoffen lässt.

Gegenüber Schmetterlinge sind hier noch sehr häufig, im Bild drei Geißklee-Bläulinge *(Plebejus argus)*.

Unten Eine farbenprächtige Magerweide in Ost-Siebenbürgen, Große Kreuzblume und Kleines Mädesüß bestimmen das Bild.

EUROPA | GRIECHENLAND

Parnass und Delphi

IN KÜRZE

Ort | Von der Nordküste des Golfs von Korinth landeinwärts, nördlich der Städte Delphi und Arachova.

Attraktionen | Besonders artenreiche Gebirgs-, Wald- und mediterrane Flora mit zahlreichen seltenen und endemischen Arten, oft in großen Mengen.

Reisezeit | Von Ende März bis Oktober interessant; größte Blumenpracht von Mitte April bis Anfang Juli.

Schutzstatus | Nur ein relativ kleiner Bereich am Osthang des Parnass gehört zum Nationalpark. Der Rest ist gefährdet und von intensiver Nutzung, Ausbeutung und Veränderungen bedroht.

Gegenüber Von Delphi hat man eine wunderbare Sicht über den Golf von Korinth im Süden; im Vordergrund Strauchiges Brandkraut *(Phlomis fruticosa)* und andere Frühlingsblumen.

Parnass und Delphi – bereits die Namen lassen das Herz höher schlagen, denn wer denkt dabei nicht an die Antike und die Welt der griechischen Sagen. Zudem ist der Parnass bereits seit 1938 ein Nationalpark und gehört zweifellos zu den besten botanischen Standorten Europas. Auf dem Berg ist eine Vielzahl von Pflanzenarten heimisch (darunter viele griechische Endemiten und sogar zehn auf dem Parnass endemische Arten), und an den unteren Hängen gibt es Stellen mit wunderbarem Blütenreichtum.

Der Nationalpark wurde allerdings vor allem zum Schutz der antiken Stätten geschaffen. Er ist sehr klein und umfasst nur 3500 ha, außerdem sind die höchstgelegenen und viele der botanisch artenreichsten Gebiete nicht Teil davon. Auch Management, Informationsmöglichkeiten oder wirklicher Schutz fehlen fast völlig. Auf dem Parnass selbst gibt es zwei Skigebiete, und über das Hochtal von Livadia rückt die Erschließung nach und nach immer näher an die Parkgrenzen. An der Nordseite des Gebirgsstocks wird zudem eine Bauxitmine betrieben; die früher ausgedehnten Wälder sind inzwischen fragmentiert und werden weiterhin abgeholzt. Daher ist der Parnass in seiner Bedeutung und Schönheit nachhaltig bedroht, doch er ist trotz dieser Probleme auch heute noch ein Blumenparadies. Und dank der Sessellifte (ein Vorteil der Skigebiete) gelangt man einfach in Höhenlagen, die in Griechenland meistens schwer zugänglich sind.

Der Parnass erhebt sich hoch über dem Golf von Korinth und bietet eine weite Sicht bis in die Peloponnes oder nordwärts nach Epirus. Er besteht fast vollständig aus Kalkgestein und zeigt die typischen Merkmale einer Karstlandschaft, zum Beispiel eine große Polje, viele kleinere Dolinen sowie nackten Karst (Karrenfelder) und Steilfelsen – dauerhafte Oberflächengewässer fehlen am Parnass fast völlig.

Delphi liegt in etwa 600 m Höhe auf der Südseite des Parnass und ist als Ausgangspunkt gut geeignet. Früher war der Blumenreichtum der Ausgrabungsstätte legendär; heute ist er geringer, doch immer noch gut. Vor allem die Terrassen und Felsflächen außerhalb des Geländes sind im April und Mai ein Blütenmeer. Unter rosa blühenden niedrigen Judasbäumen *(Cercis siliquastrum)* wachsen gelbe Alkannawurzel *(Alkanna* sp.*)*, mehrere Lotwurz-Arten *(Onosma* spp.*)*, silberblättrige Königskerzen *(Verbascum* sp.*)* und die endemische polsterbildende Glockenblume *Campanula topaliana* subsp. *delphica*. Dazwischen stehen Rote Spornblumen *(Centranthus ruber)*, blauviolette Wicken *(Vicia* sp.*)*, der endemische Ziest *Stachys swainsonii* sowie gelber und blauer Bockshornklee *(Trigonella* sp.*)*. Im Herbst erscheinen zahllose rosaviolette Zeitlosen *(Colchicum* sp.*)*, zarte spätblühende Krokusse und der prächtige Gelbe Goldkrokus *(Sternbergia lutea)*.

Weiter oben sind fast alle baumlosen Flächen zwischen 1000 und 1200 m im Mai ein einziges Farbenmeer. Da es seit einigen Jahren weniger Schafe und Ziegen gibt, hat die Beweidung ab- und die Blütenfülle zugenommen. Typische Stellen sind von dornigen Kugelbüschen dominiert, zum Beispiel dem goldgelben Dornigen Ginster *(Genista acanthoclada)* oder einem weißen Tragant *(Astragalus* sp.*)*; dazu kommen große Tuffs eines weißen Hornkrauts *(Cerastium candidissimum)*, die rot- oder weißblütige Breitblättrige Bartsie *(Parentucellia latifolia)*, ferner leuchtend violettblaues Krautiges Immergrün *(Vinca herbacea)* und die Niedrige Kirsch-

Mandel *(Prunus prostrata)* mit rosaroten Blüten. Dazwischen wachsen mehrere Arten der Traubenhyazinthe *(Muscari* spp.), kleine blaue und gelbe Irisarten *(Iris* spp.), zahllose hellpurpurne Orchideen wie das Vierpunkt-Knabenkraut *(Orchis quadripunctata)*, dichte Gruppen des scharlachroten Herbst-Adonisröschen *(Adonis annua)*, große Bestände des Roten Pippaus *(Crepis rubra)* und Dutzende mehr. Zur Schneelinie hin blühen vor allem im April üppige Krokusteppiche auf (drei oder mehr Arten) – ein wunderbarer Anblick, insbesondere bei voller Sonne, wenn sich alle Blüten öffnen! In 1800 m Höhe findet man je nach Jahreszeit und Schneedecke die kräftigen Stauden des rosafarbenen Felsen-Storchschnabels *(Geranium macrorrhizum)*, aber auch kleine Arten wie Felsen-Steintäschel *(Aethionema saxatile)*, Griechisches Blaukissen *(Aubrieta deltoidea)*, Zweiblättrigen Blaustern *(Scilla bifolia)*, ferner Orientalischen Günsel *(Ajuga orientalis)*, *Fritillaria graeca*, weitere Irisarten und Orchideen, schließlich die großen rosapurpurnen Gruppen der Gargano-Taubnessel *(Lamium garganicum)*. Am Ende der Straße beginnt das Reich der seltenen und besonderen Pflanzenschätze des Parnass, doch für imposante Blütenteppiche ist es hier oben zu felsig und windig.

Gegenüber Auf den Bergweiden des Parnass ist auch das scharlachrote Herbst-Adonisröschen heimisch.

Unten Nach der Schneeschmelze im Frühling erscheinen unzählige Krokusse; dieser zarte Blütenteppich besteht aus mindestens drei Arten und ihren Hybriden.

Mani-Halbinsel, Peloponnes

IN KÜRZE

Ort | Südlichster Teil des griechischen Festlands, der «Mittelfinger» der Peloponnes.

Attraktionen | Reicher Blütenflor im zeitigen Frühjahr; viele endemische Arten, etliche Orchideenarten (oft sehr zahlreich) in grandioser Landschaft mit historischen Dörfern.

Reisezeit | Höhepunkt in tieferen Lagen von Mitte März bis Mitte April; die Arten der höheren Lagen blühen im Lauf von Frühjahr und Sommer kontinuierlich auf.

Schutzstatus | Der gesetzliche Schutz ist gering und lückenhaft; nur wenige Gebiete sind vollständig geschützt.

Gegenüber Rote Pfauen-Anemonen und andere Frühlingsblumen verwandeln diesen Hang bei Kardamili auf der Mani-Halbinsel in einen Blütenteppich.

Ein warmer, sonniger Apriltag auf der Mani ist fast wie ein Tag im Paradies. Hier treffen zahlreiche Pflanzenarten und schöne Blumen in Hülle und Fülle auf eine spektakuläre und geschichtsträchtige Landschaft, die seit Langem kultiviert und besiedelt ist. Historische Einflüsse sind hier wie an kaum einem Ort mit Händen zu greifen, und überdies ist die Mani noch weitgehend ursprünglich. Die Landschaft der Halbinsel ist wild und felsig, kaum bewaldet und macht fast ganzjährig, vor allem im Spätsommer, einen kargen Eindruck. Doch nach einem regenreichen Winter wird sie im März und April unversehens zu einem natürlichen Steingarten.

Zwischen den Felsen und Steinmauern werden die Straßenränder zu bunten Blütenbändern; vorherrschend sind die magentaroten Blüten des Kalabrischen Seifenkrauts (*Saponaria calabrica*), mattrosa Storchschnabel (*Geranium* sp.), scharlachrote Pfauen-Anemonen (*Anemone pavonina*), rosaviolette Levkojen (*Matthiola* sp.), blaue Lupinen (*Lupinus* sp.), Roter Pippau (*Crepis rubra*) und Bockshornklee (*Trigonella* sp.) mit goldgelben Blüten. Viele Olivenhaine sind so steinig, dass eine Bewirtschaftung nicht lohnt; daher werden sie weder bewässert noch mit Pestiziden behandelt und entwickeln einen erstaunlichen Blütenreichtum. Überall Orchideen, darunter große Mengen der häufigeren Arten wie Italienisches Knabenkraut (*Orchis italica*) oder Roberts Knabenkraut (*Barlia robertiana*). Doch auch die selteneren Ragwurz-Arten sind relativ verbreitet, beispielsweise die auffällige Reinholds Ragwurz (*Ophrys reinholdii*), zwei Endemiten: Hufeisen-Ragwurz (*Ophrys ferrum-equinum*) und Spruners Ragwurz (*Ophrys spruneri*), ferner die Gelbe Ragwurz (*Ophrys lutea*) und die Bremsen-Ragwurz (*Ophrys oestrifera*). Auch zahlreiche Zwiebelgewächse kommen vor, zum Beispiel drei Tulpenarten, zwei Schachblumen-Arten (darunter die seltene *Fritillaria davisii*), Milchsterne (*Ornithogalum* spp.), Gelbsterne (*Gagea* spp.) und die hyazinthenähnliche *Bellevalia dubia* mit blauen Blütentrauben, dazu mehrere Narzissen und vieles mehr.

An den Steilfelsen ist die Artenzusammensetzung anders; hier finden sich große Horste einer endemischen Steinglocke (*Symphyandra* sp.), dazu der seltene endemische Ziest *Stachys canescens*, ferner die Rosetten einer endemischen *Centaurea*-Art, die bizarren «Bäumchen» der Baumartigen Wolfsmilch (*Euphorbia dendroides*), die auch in Afrika heimisch ist, und viele weitere zauberhafte Blumen. An schattigen Felsen wächst der leuchtend blaue, endemische Steinsame *Lithodora zahnii*, ferner findet sich ein früh blühender endemischer Blaustern (*Scilla* sp.), Kapernbüsche (*Capparis* sp.), das überhängende Krummstiel-Meerträubel (*Ephedra campylopoda*), eine weiße großblütige Wiesenraute (*Thalictrum* sp.) und zahlreiche mehr.

In den tieferen Lagen (bis etwa 1000 m) fällt der Blütenhöhepunkt in die Zeit von Ende März bis Ende April, doch an den höheren Hängen dauert die Blühsaison bis Juli an. Tatsächlich besucht man die oberen Bereiche des Taygetos-Gebirges am besten erst ab Ende Juni. Auf der Mani können auch Spätherbst und Winter sehr lohnend sein: Zuerst blühen die Alpenveilchen (*Cyclamen* spp.), später etliche Krokusse und Zeitlose (*Colchicum* spp.), Goldkrokusse (*Sternbergia* spp.), winterblühende Narzissen, seltene Schneeglöckchen (*Galanthus* spp.) und schließlich die ersten Orchideen und Zwiebelblumen des Frühjahrs. An den Hängen blühen Judasbäume (*Cercis siliquastrum*) und Obstbäume, und die hohen, oft schneebedeckten Berggipfel sind immer in Sichtweite – es ist eine fantastische Gegend!

Lesbos, Ostägäis

IN KÜRZE

Ort | Östliche Ägäis, unmittelbar vor der türkischen Küste.

Attraktionen | Wunderschöne, ursprüngliche Insel mit Frühlingsblumen an der Küste, alten Olivenhainen und Bergflora.

Reisezeit | Höhepunkt im April/Mai, doch fast den gesamten Sommer und Herbst über gibt es Interessantes zu sehen.

Schutzstatus | Weitgehend ohne Schutz; drei Natura-2000-Schutzgebiete, darunter ist das Olymbos-Gebiet floristisch am wichtigsten.

Oben Sogar am Strand von Lesbos blühen die Frühlingsblumen.

Eine griechische Insel im Frühling – blühende Olivenhaine, Esel, kleine Fischerboote, traditionelle Tavernen und das tiefblaue Meer – so sieht die Realität in Lesbos (oder Lesvos) an vielen Stellen immer noch aus. Die Insel ist «typisch» griechisch, von großer Schönheit und weitgehend ursprünglich geblieben. Pflanzensoziologisch ist Lesbos jedoch eher türkisch, denn es liegt nur 10 km vor der türkischen Küste, während das griechische Festland etwa 200 km weit entfernt ist.

Die reiche Flora umfasst etwa 1600 Arten; sie besitzt vor allem ostägäische oder sogar türkische Elemente und nur wenige endemische Arten. Der Untergrund ist hauptsächlich vulkanisch und besteht nur an wenigen Stellen aus Kalkgestein, was für Griechenland eher ungewöhnlich ist. So ergibt sich eine abwechslungsreiche Landschaft, in der nur wenig Acker- und Weinbau betrieben wird – hier und da ein paar Felder, Scheunen und Steinmauern. Typisch für Lesbos sind die ausgedehnten Olivenhaine, die angeblich über elf Millionen Bäume zählen. In vielen Teilen von Griechenland, so in Kreta, sind die Olivenhaine für Pflanzenfreunde enttäuschend: nichts als öde, künstlich bewässerte Flächen mit Olivenbäumen. Doch in Lesbos sind die meisten Haine alt, mit Weideflächen unter den Bäumen, und im Frühjahr sind sie voller Leben, Schmetterlinge und Vogelgezwitscher – insgesamt eher wie eine spanische *Dehesa* (Eichen-Hutewald).

Zu den blumenreichsten Habitaten gehören auf Lesbos die Sandstrände, zumindest überall dort, wo sie nicht erschlossen oder befahren sind. Meistens erreicht die Frühlingsflora im April ihren Höhepunkt und legt sich als bunter Teppich vor dem Hintergrund der blauen Ägäis über den Strand. Sehr häufig ist hier zum Beispiel gelber Bockshornklee (*Trigonella* sp.), ferner kommen rosa- und lilafarbene Levkojen (*Matthiola* spp.) vor, Unmengen des häufigen, aber hübschen Farbigen Leimkrauts (*Silene colorata*), weiterhin Wegerich-Natternkopf (*Echium plantagineum*), roter und orangeroter Mohn (*Papaver* spp.), das strahlend blaue *Eryngium creticum*, polsterförmige Kleinsträucher wie die Dornige Flockenblume (*Centaurea spinosa*), die Dornbusch-Wolfsmilch (*Euphorbia acanthothamnos*) und der Schmalblättrige Tragant (*Astragalus angustifolius*). Auch die jüngeren Dünen mit offenen Sandflächen sind zwar nur lückig bewachsen, aber ebenso farbenfroh: Da sind die tief scharlachrot-schwarzen Blüten von *Papaver nigrotinctum*, einer besonderen Mohnart, die enzianblaue *Alkanna lehmannii*, die mit der Färber-Alkanna verwandt ist, der zart zitronengelbe Strand-Schneckenklee (*Medicago marina*) in großer Zahl, der etwas bizarre Gelbe Hornmohn (*Glaucium flavum*), Hundskamille (*Anthemis* spp.), Glockenblumen (*Campanula* spp.) Sommerwurz (*Orobanche* spp.) und vereinzelte Orchideen wie das Heilige Knabenkraut (*Orchis sancta*) oder die Pyramiden-Hundswurz (*Anacamptis pyramidalis*). Im Spätsommer erscheinen dann die duftenden weißen Blüten der Dünen-Pankrazlilie (*Pancratium maritimum*).

Vor allem im Frühjahr sind die Olivenhaine besonders schön, wenn Kronen-Anemonen (*Anemone coronaria*) und Pfauen-Anemonen (*Anemone pavonina*) in fast allen Farbschattierungen aufblühen, gefolgt von Orchideen, Osterluzei (*Aristolochia* sp.) und vielen anderen Blumen. Zu den lohnendsten Stellen – fast immer mit großem Blütenreichtum – gehört der Nordhang des Olymbos, rund um und oberhalb des Städtchens Agiassos. Alte, gepflasterte Saumpfade führen durch Olivenhaine mit einer Fülle von Orchideen und anderen Pflanzen. In den lichten Wäldern

wachsen Tulpen, rote Pfingstrosen (*Paeonia* sp.), rosapurpurne Alpenveilchen (*Cyclamen* spp.), besondere Schachblumen wie *Fritillaria pontica* subsp. *substipelata*, weiße Milchsterne (*Ornithogalum* spp.) und viele andere. Im zeitigen Frühjahr blühen hier Großblütige Schneeglöckchen (*Galanthus elwesii*), anschließend erscheint das merkwürdige Fadenförmige Knabenkraut *(Comperia comperiana)*. Im Herbst entdeckt man zweierlei Alpenveilchen, herbstblühende Krokusse und die leuchtenden Gelben Goldkrokusse *(Sternbergia lutea)*. Eine wahrhaft unverdorbene, schöne Gegend!

Oben Die Kalkrasen an den Hängen des Olymbos sind im Frühjahr ein Meer von Kronen-Anemonen und anderen Blumen.

Westkreta

IN KÜRZE

Ort | Zwei Kalksteingebirge im westlichen Drittel von Kreta.

Attraktionen | Wunderbare Frühjahrsflora, die bis in den Frühsommer andauert; grandiose Landschaft, die von tiefen Schluchten durchschnitten ist. Alle Gebirge in Kreta sind floristisch lohnend, doch diese beiden sind garantiert die besten.

Reisezeit | Beste Zeit in mittleren Lagen von Ende März bis Ende April; die Arten der höheren Lagen blühen im Lauf von Frühjahr und Sommer kontinuierlich auf.

Schutzstatus | Der offizielle Schutz ist unzureichend und lückenhaft; nur wenige Gebiete sind vollständig geschützt; ein kleiner Teil der Weißen Berge ist durch den Samaria-Nationalpark geschützt.

Gegenüber Die Magerweiden in den mittleren Lagen des Kedros-Gebirges sind im Frühling besonders blütenreich.

Kreta liegt wie ein Trittstein mitten zwischen Europa und Afrika, und auch bis Asien ist es nicht weit. Die sonnenverwöhnte Insel ist ein außergewöhnlicher Ort mit einer langen Siedlungsgeschichte, geprägt durch endlose Kriege, Eroberungen und Verfolgungen. Heutzutage ist es jedoch eine friedliche griechische Insel, die durch ihre Schönheit besticht und eine Fülle von Wildblumen beherbergt. Bereits seit mehreren Millionen Jahren ist Kreta vom nächstgelegenen Festland getrennt, und da sich die letzten Eiszeiten kaum auf die Insel ausgewirkt haben, konnte sich die Flora über diesen langen Zeitraum isoliert entwickeln. Auf Kreta kommen fast 2000 Pflanzenarten vor, und mindestens 170 davon sind für die Region Kreta endemisch.

In tieferen Lagen erscheint etwa von Mitte März an ein üppiger Blütenflor, doch diese Gebiete sind stärker erschlossen und landwirtschaftlich intensiver genutzt als andere Teile von Griechenland. Dagegen sind die Bergregionen oberhalb von 1000 m Höhe noch relativ unberührt, und die Kombination von schnee- und regenreichen Wintern mit extrem trockenen, heißen Sommern fördert eine ungeheuer reiche Frühlingsflora. Hier sollen nur zwei Gebiete aufgrund ihrer sensationellen Blütenfülle und vielen Seltenheiten herausgegriffen werden: die Weißen Berge (Levka Ori) südlich von Chania und das Kedros-Gebirge (Oros Kedros), das östlich von Spili liegt. Doch etliche andere Gegenden können fast mit den westkretischen Bergen mithalten.

Die Weißen Berge gehören zu den höchsten kretischen Gebirgsmassiven; zahlreiche Gipfel übersteigen die Zweitausendermarke und sind selbst im Sommer teilweise schneebedeckt. Diese kargen und wilden Berge sind nur an ein, zwei Punkten ohne Schwierigkeiten zugänglich; ein guter Ausgangspunkt für eine Wanderung ist die Ortschaft Omalos. Sie liegt wie in einem Kessel in der Omalos-Hochebene, einer für die Karstlandschaft typischen Polje. Die Omalos-Hochebene wird bereits seit langer Zeit als Acker- und Weideland genutzt, und obwohl der Blütenreichtum in letzter Zeit insgesamt zurückgegangen ist, sind die guten Jahre, wenn Schnee und Regen bis in den März anhalten, schlichtweg fantastisch. Zahllose silbrig weiße und hellrosa Tulpen mischen sich mit blauen und purpurnen Kronen-Anemonen (*Anemone coronaria*), Sandkrokus (*Romulea* sp.), Gelbsternen (*Gagea* sp.) und großen Tuffs der Gargano-Taubnessel (*Lamium garganicum*) mit zartrosa Blüten; zwischen den Felsblöcken wächst der seidig behaarte, rosablütige Berg-Seidelbast (*Daphne sericea*), gelegentlich auch die auffällige endemische Weiße Pfingstrose (*Paeonia clusii*). Am Ende der Fahrstraße, direkt neben dem Abstieg zur Samaria-Schlucht, führt ein steiler, aber besonders schöner Pfad südwestwärts nach Ginghilos, und während des anstrengenden Aufstiegs entdeckt man üppige Bestände von endemischen und seltenen Gebirgspflanzen. Nach der Schneeschmelze erscheinen große Mengen endemischer Krokusse (*Crocus* spp.) und Blausterne (*Scilla* spp.), gefolgt von Besonderheiten wie der enzianblauen *Anchusa cespitosa*, weiß blühendem Steinbrech (*Saxifraga* sp.), Lotwurz (*Onosma* sp.) und mehreren Orchideenarten wie dem schlüsselblumengelben Wenigblütigen Knabenkraut (*Orchis pauciflora*); außerdem wachsen hier blaue und weiße Anemonen (*Anemone heldreichii*) oder das blauviolette Griechische Blaukissen (*Aubrieta deltoidea*). Meine Favoriten sind jedoch die Kissen der Niedrigen Kirsch-Mandel (*Prunus prostrata*),

deren knorrige winzige Ästchen sich an die Felsen schmiegen und mit pinkfarbenen Blüten übersät sind.

Die Weißen Berge laufen südwärts in mehrere tiefe Schluchten aus, von denen die Samaria-Schlucht die größte und bekannteste ist. Da sich die Sommerhitze und die Beweidung durch Ziegen in den Schluchten weniger auswirken, ist ihre Flora besonders artenreich und umfasst zahlreiche Endemiten. Stellenweise entwickeln sich an den hohen, senkrechten Felswänden große Mengen ganz spezieller Pflanzen, die in Felsspalten wachsen (sogenannte Chasmophyten) und in Kreta besonders zahlreich vertreten sind. Auffällig sind an diesen Wänden endemische Glockenblumen (*Campanula* spp.), Riesenfenchel *(Ferula communis)*, die endemische *Coronilla globosa (Securigera globosa)* und der bekannte endemische Diptam-Dost *(Origanum dictamnus)*. Dieser ist als Tee- und Heilpflanze begehrt und wird auch als «Kretischer Diptam» verkauft. In flacherem Gelände wachsen weiße Pfingstrosen, große Mengen endemischer Alpenveilchen (*Cyclamen* sp.) und zahlreiche Orchideen.

Im Osten der Weißen Berge, östlich des pittoresken Städtchens Spili, erstreckt sich das Kedros-Gebirge – auch dies ein Gebiet mit fantastischer Blütenfülle. Manche Äcker erscheinen rot, wenn die endemische Dörflers Tulpe *(Tulipa doerfleri)* blüht; an den benachbarten Hängen ist die Menge und Vielfalt der Orchideen besonders groß. Dort wachsen ferner dreierlei Iris, zwei weitere Tulpenarten, Schachblumen (*Fritillaria* sp.), Anemonen und viele andere mehr – am besten besucht man diesen wunderbaren Ort in den ersten Aprilwochen.

Gegenüber Manche Äcker bei Spili sind im April übersät mit scharlachroten Dörflers Tulpen, einer für Kreta endemischen Art.

Oben Eine Gruppe zarter Kronen-Anemonen.

Unten Die Omalos-Hochebene im farbenfrohen Flor des zeitigen Frühlings.

Pontisches Gebirge

VON ANDY BYFIELD

IN KÜRZE

Ort | Nordosttürkei, von Tirebolu bis zur georgischen Grenze.

Attraktionen | Großräumiger, artenreicher Feuchtwald («Lorbeerwald»), Mähwiesen, Hochweiden und schroffe Gipfel; außergewöhnliche Fauna, z. B. Braunbären und Wölfe, viele Schmetterlinge.

Reisezeit | Jederzeit von Ende März bis Anfang Oktober, je nach Höhenlage; am besten von Mitte Mai bis Mitte Juli.

Schutzstatus | Weitgehend ohne Schutzstatus, aber mit drei Nationalparks: Altindere-Tal rund ums Sumela-Kloster, Kaçkar von den Hauptgipfeln des Massivs nordwärts, Hatila-Tal nordwestlich von Artvin.

Gegenüber, oben Der unverkennbare, zartblaue Alpenveilchen-Blaustern bildet an diesem Berghang üppige Bestände.

Gegenüber, unten Die Karnevals-Primel, eine rosaviolette Unterart von *Primula vulgaris*, ist an schattigen Plätzen im ganzen Gebiet häufig.

Die gesamte türkische Schwarzmeerküste ist gebirgig, doch zur georgischen Grenze hin werden die Berge zum imposanten Hochgebirge, dessen Granitgipfel sich fast 4000 m hoch erheben; die Hänge sind mit dichten Wäldern und blumenreichen Wiesen und Weiden bedeckt. Dies ist das antike Kolchis, das mythische Land des Goldenen Vlieses; in der Botanik ist es durch den Artnamen *colchica* verewigt, den vielen Pflanzen der Region tragen. Die Flora ist besonders artenreich: Etwa 2500 Arten sind für das Gebiet nachgewiesen; 80 davon sind in der Türkei endemisch, und etwa 300 sind landesweit selten.

Die Granitgipfel des Ostpontischen Gebirges rund um das Kaçkar-Massiv bilden das Zentrum des Gebiets, aber vor allem in den tieferen Lagen treten auch Basalt und andere magmatische Gesteine großflächig zutage. Die Nähe des Schwarzen Meers ist für das milde Klima in tieferen Lagen und für die hohen Niederschläge verantwortlich – östlich von Rize beträgt der Jahresniederschlag etwa 2500 mm. Die botanisch interessante Zeit dauert lange und bietet je nach Höhenlage und Jahreszeit wunderbaren Blütenflor. Auf Meereshöhe hält der Frühling zeitig Einzug; auf Waldlichtungen und in Haselnusshainen wachsen üppige Bestände von Nieswurz (*Helleborus* spp.), leuchtend blaues Kaukasus-Gedenkemein (*Omphalodes cappadocica*) sowie unzählige kleine rosa- oder magentafarbene Alpenveilchen (*Cyclamen coum*). Vor allem die Primeln sind zu erwähnen, sie sind in tieferen Lagen durch die kirschrote bis rosaviolette Karnevals-Primel (*Primula vulgaris* subsp. *sibthorpii*) vertreten, während in höheren Lagen die vertraute hellgelbe Unterart (subsp. *vulgaris*) der Stängellosen Schlüsselblume vorkommt. Mindestens fünf verschiedene Schneeglöckchen sind im Gebiet heimisch, darunter das erst kürzlich entdeckte Koenen-Schneeglöckchen (*Galanthus koenenianus*).

Waldlichtungen, Mähwiesen und Felsbereiche bieten jedoch den besten Blütenreichtum mit einer größeren Artenvielfalt; sie erreichen ihren floristischen Höhepunkt von Mitte Mai bis Mitte Juni. Auf Lichtungen und Wiesen wachsen zahlreiche Storchschnabel-Arten, zum Beispiel der intensiv magentafarbene Armenische Storchschnabel (*Geranium psilostemon*), ferner Trollblumen (*Trollius* sp.) und verschiedene Läusekraut-Arten (*Pedicularis* spp.). Auch etliche für Wiesen und Waldrand typische Orchideen sind zu finden, beispielsweise die grünlich braunviolette Kappenwurz (*Steveniella satyroides*) und das cremegelbe Runde Knabenkraut (*Traunsteinera sphaerica*).

Beim Übergang vom Wald zu den niedrigen Zwergstrauchheiden trifft man auf eine artenreiche Strauchzone, die von Birken, Kreuzdorn (*Rhamnus* spp.) und verschiedenen *Rhododendron*-Arten dominiert wird; besonders hervorzuheben ist die duftende gelbe Pontische Azalee (*Rhododendron luteum*), ferner die blau-weiße *Aquilegia olympica*, Wittmanns Pfingstrose (*Paeonia wittmanniana*) mit zitronengelben Blüten und im Juni mehrere gelbe Lilienarten.

Die beste Zeit für die Zwergstrauchheiden und die alpine Zone ist von Mitte Juni bis Ende Juli, wenn große Flächen des niedrigen milchweißen Kaukasus-Rhododendrons (*Rhododendron caucasicum*) in Blüte stehen und die Bergweiden einen bunten Teppich aus Ziest (*Stachys* sp.), Glockenblumen (*Campanula* sp.), Enzianen (*Gentiana* sp.) und Gelben Veilchen (*Viola lutea*) bilden. Außerdem finden wir etliche Primelarten, darunter die stattliche rosaviolette *Primula amoena* und eine

Kugelprimel *(Primula auriculata)*, die an feuchten Stellen in üppigen Beständen wächst. Reichlich vertreten sind auch die Zwiebelgewächse mit Milchsternen *(Ornithogalum* spp.), Gelbsternen *(Gagea* spp.) und Blausternen (darunter die türkisblaue *Scilla siberica* subsp. *armena* und der zartblaue Alpenveilchen-Blaustern *Scilla rosenii*). Viele Besucher empfinden jedoch die Trupps der gedrungenen, rotbraunen Schachblume *Fritillaria latifolia* als spektakulären Höhepunkt dieser Jahreszeit. Im Herbst erscheinen die herbstblühenden Krokusse zu Tausenden – zwei Besonderheiten sind *Crocus scharojanii* (der einzige gelb blühende Herbstkrokus) und *Crocus vallicola* mit eleganten weißen Blüten. Die Teppiche der Herbstzeitlosen *(Colchicum autumnale)* springen noch stärker ins Auge, diese Art ist die Elternpflanze zahlreicher Gartenhybriden.

Sattgrüne Teeplantagen, dichte Wälder, üppige *Rhododendron*-Gebüsche, elegante Lilien, blumenreiche Bergwiesen – das Ostpontische Gebirge erinnert eher an den Himalaja als an die europäischen Hochgebirge weiter im Westen – es ist die weite Reise mit Sicherheit wert.

Taurus-Gebirge

IN KÜRZE

Ort | Südtürkei, von der Mittelmeerküste nordwärts, etwa zwischen Antalya und Adana; westwärts bis ins Bey-Gebirge und ostwärts bis in den Antitaurus.

Attraktionen | Wunderbare alpine Frühlingsflora mit vielen Zwiebelgewächsen; bezaubernde ursprüngliche Landschaft, historische Dörfer; reiche Vogel- und Schmetterlingsfauna.

Reisezeit | Am besten von Ende März bis Mitte Mai; insgesamt jedoch von Anfang März bis Ende Oktober interessant. Der Blütenreichtum variiert je nach winterlicher Schneemenge, Frühlingstemperaturen und Höhenlage.

Schutzstatus | Sehr begrenzter und lückenhafter Schutz. Einige der besten Gebiete liegen im neuen Nationalpark Giden Gelmez Dağlari, das Schutzniveau ist allerdings noch nicht eindeutig festgelegt.

Gegenüber Direkt nach der Schneeschmelze erscheinen auf den Bergweiden das Taurus-Gebirges überall Großblütige Schneeglöckchen.

Das Taurus-Gebirge erstreckt sich über fast 600 km im äußersten Süden der Türkei und trennt die Anatolische Hochebene vom mediterranen Küstenstreifen; heute bildet es gleichzeitig die Grenze zwischen den geschäftigen Touristenorten an der Küste und dem immer noch traditionell geprägten Landesinneren. Viele Gipfel dieses Gebirgsmassivs sind über 3000 m hoch. Es ist eine wilde Gegend mit wenigen Städten und niedriger Bevölkerungsdichte, doch sie ist nicht fern jeglicher Zivilisation – diese Bergregionen sind seit Jahrtausenden besiedelt und auf ihren Hochweiden grasen seit undenklichen Zeiten Nutztiere.

Es ist typisch für die Gebirge der Türkei und großer Teile Europas, dass die aktuelle Baumgrenze aufgrund dieser seit Langem betriebenen Weidewirtschaft inzwischen tiefer als die natürliche Baumgrenze liegt. Da der Baumbestand aktiv entfernt und die Regeneration durch die Beweidung verhindert wird, konnte sich ein Mosaik aus Grasland und Waldflächen entwickeln. Viele Hochweiden, die «Yaylas» oder «Yaylasi» (türkisch yayla = Alm, Sommerweide), liegen deutlich unterhalb der natürlichen Baumgrenze; meist sind es zauberhafte Gebiete, oft inmitten von grandioser Gebirgslandschaft. Da diese Bergweiden seit langer Zeit existieren, konnten sich nach und nach die Arten der alpinen Rasen, aber auch der Hochstaudenfluren (wie sie für Lichtungen typisch sind) ansiedeln, und so sind die meisten Yaylas inzwischen besonders schön und artenreich.

Wenn der Schnee im März oder April allmählich schmilzt, blühen auf den noch winterlichen Weideflächen zahlreiche Zwiebel- und Knollengewächse auf. Teppiche aus Winterlingen – meist der Türkische Winterling *(Eranthis cilicica)* mit größeren Blüten und schmalen Blättern – sind nichts Besonderes. In der Nähe wachsen oft Unmengen gelber und blauvioletter Krokusse und die Hybriden dieser Krokusarten, ferner die frühlingsblühenden Verwandten der Herbstzeitlosen wie die Dreiblättrige Zeitlose *(Colchicum triphyllum)*, die Krokussen erstaunlich ähnlich sieht. Bei genauerem Hinsehen kann man die beiden jedoch gut unterscheiden, denn Krokusse haben drei, Zeitlosen hingegen sechs Staubblätter. Etwa zur selben Zeit kommen die Schneeglöckchen in Blüte: Mit mehreren Arten gehören sie zu den besonderen, oft sehr zahlreich auftretenden Pflanzenschätzen der Yaylas. Am häufigsten ist das Großblütige Schneeglöckchen *(Galanthus elwesii)* mit auffälligen, großen, weißgrünen Blüten, das aus Felsspalten hervorlugt oder sogar durch die Schneedecke bricht. Sehr verbreitet sind außerdem mehrere blaue Traubenhyazinthen-Arten *(Muscari* spp.*)*, Milchsterne *(Ornithogalum* spp.*)*, Gelbsterne *(Gagea* spp.*)*, der strahlend blaue Zweiblättrige Blaustern *(Scilla bifolia)* und ein sehr hübscher rosavioletter Lerchensporn *(Corydalis wendelboi)*. Zu den selteneren Arten zählen rotbraune und braune Schachblumen *(Fritillaria* spp.*)*, kleine blaue Irisarten, wie *Iris galatica*, oder leuchtend rote Tulpen.

Auf Flächen mit gestörtem Boden (der zum Beispiel von Tieren aufgewühlt wurde) kann sich ein interessantes Pflanzenensemble entwickeln: Typisch ist der mit Berberitzen verwandte, auffällige gelbe Löwentrapp *(Leontice leontopetalum)*, ferner mehrere Adonisröschen-Arten *(Adonis* spp.*)* mit scharlachroten Blüten oder das butterblumengelbe, mit Hahnenfuß verwandte Sichelfrüchtige Hornköpfchen *(Ceratocephalus falcatus)*. Sie alle haben sich in den Tiefebenen von Osteuropa und Westasien als Ackerunkräuter etablieren können, stammen vermutlich aber aus

EUROPA | TÜRKEI

dieser Region. Knorrige Baumveteranen, die hier oft fast ihre Höhengrenze erreichen, sind auf diesen Hochweiden ebenfalls häufig; im Taurus-Gebirge trifft man meistens auf stattliche Libanon-Zedern *(Cedrus libani)*, Kilikische Tannen *(Abies cilicica)* oder riesige alte Wacholder *(Juniperus* sp.).

Yaylas sind im ganzen Taurus-Gebirge verbreitet, in der Regel liegen sie in 1100 m Meereshöhe oder etwas darüber und weisen fast immer eine interessante Flora auf. Zu meinen Favoriten gehören Gembos Yayla (oberhalb von Ibradi) und das weitläufige Suleymaniye Yaylasi, beide mit wunderschönen Frühlingsblumen und üppiger Blumenpracht, nach oben hin gehen diese Sommerweiden allmählich in die dramatische Karstlandschaft über.

Gewöhnlich ist die Frühjahrsflora besonders spektakulär, doch der Besuch lohnt sich auch zu anderen Jahreszeiten. Manche Pflanzen kommen schon im Februar in Blüte, viele blühen im Mai bis Juni und überdies gibt es etliche herbstblühende Zwiebelgewächse.

Gegenüber Ein blauer Teppich aus wilden Traubenhyazinthen *(Muscari* sp.) auf einem alten Friedhof bei Ibradi, dahinter wilde Pflaumenbäume in Blüte.

Unten Üppige Bestände des Türkischen Winterlings zur Zeit der Schneeschmelze im Gembos Yayla.

Südzypern

IN KÜRZE

Ort | Östliches Mittelmeergebiet, südlich der Türkei.

Attraktionen | Zahlreiche endemische Arten, etliche Orchideenarten (oft sehr häufig), gute Frühlingsflora.

Reisezeit | Blütenhöhepunkte in tieferen Lagen von Anfang März bis Mitte April; die Arten der höheren Lagen blühen im Lauf von Frühjahr und Sommer kontinuierlich auf.

Schutzstatus | Der Schutz ist gering und lückenhaft; nur wenige Gebiete sind gut geschützt, wie zum Beispiel der Troodos-Nationalpark.

Gegenüber, oben Diese Kronen-Wucherblumen *(Glebionis coronaria)* auf der Halbinsel Akamas blühen schon im zeitigen Frühjahr.

Gegenüber, unten Die Orchideeflora von Zypern ist besonders artenreich; typisch ist diese Gruppe von Roberts Knabenkraut in den Bergen bei Paphos.

Folgende Doppelseite März auf der Halbinsel Akrotiri – Ranunkeln, so weit das Auge reicht.

Politisch ist Zypern zweigeteilt – der südliche, etwa zwei Drittel umfassende Teil der Insel ist griechischsprachig, im nördlichen Teil sind die Verbindungen zur Türkei enger. Wir sparen hier den Nordteil aus – nicht, dass er uninteressant wäre, doch es ist bei einem einzigen Aufenthalt kaum machbar, beide Inselhälften zu besuchen. Konzentrieren wir uns also auf den floristisch interessanteren Süden; das hohe Troodos-Gebirge, die Halbinsel Akamas und die ausgedehnten Grasfluren an den Salzseen der Südküste haben kein entsprechendes Pendant im Norden.

In Gesamtzypern sind rund 1800 Blütenpflanzenarten heimisch; davon sind etwa 140 endemische Arten, deren Mehrzahl im Süden vorkommt. Doch die Pflanzenschätze auf Zypern blühen im Verborgenen und man muss intensiv danach suchen, auch deshalb, weil in letzter Zeit so viele Gebiete für den Tourismus oder die Landwirtschaft erschlossen wurden. Aber es lohnt sich, die Besonderheiten aufzuspüren.

Die interessante Halbinsel Akamas war bis vor Kurzem militärisches Sperrgebiet; da das Gelände zudem sehr unwegsam ist, ist sie auch heute noch ursprünglich und nahezu menschenleer. Der geologische Aufbau ist komplex, Vulkangestein dominiert, doch dazwischen kommen auch Serpentinit, Kalkstein und andere Formationen vor. Akamas soll zwar Nationalparkstatus erhalten, doch der Antrag liegt bereits seit vielen Jahren vor, und in der Zwischenzeit rückt die touristische Erschließung immer näher. Trotzdem ist die Halbinsel (noch) ein hinreißender Ort mit vielen Pflanzenschätzen und verborgenen Ecken.

Da die meisten Pflanzen hier sehr zeitig blühen, ist die beste Reisezeit schon Ende März oder Anfang April. Vor allem die Orchideenfülle ist außergewöhnlich; verbreitete Arten wie Römisches Knabenkraut *(Dactylorhiza romana)*, Bienen-Ragwurz *(Ophrys apifera)*, Gefleckte Waldwurz *(Neotinea maculata)*, Roberts Knabenkraut *(Barlia robertiana)* und Syrisches Knabenkraut *(Orchis syriaca)* sind zum Teil sehr zahlreich. Zu ihnen gesellt sich eine Fülle von selteneren und endemischen Orchideenarten, zum Beispiel das stattliche Punktierte Knabenkraut *(Orchis punctulata)*, ferner *Ophrys lapethica*, Bornmüllers Ragwurz *(Ophrys bornmuelleri)* und die wunderschöne Zierliche Ragwurz *(Ophrys elegans)*. Die meisten Arten sind rund um den «Smygies-Picknickplatz» gut zu sehen; auch seltene endemische Arten wie *Alyssum akamassicum*, *Centaurea veneris* (eine Flockenblume) und der auffällige *Thymus integer* (ein Thymian) finden sich dort in größerer Menge. An den Nordhängen, die steil zum Meer abfallen, drängen sich unzählige bunte Frühlingsblumen, beispielsweise *Cyclamen persicum* (die Wildform des Zimmer-Alpenveilchens), Kronen-Anemonen *(Anemone coronaria)* und Ranunkeln *(Ranunculus asiaticus)*. Auch eine endemische dunkelrote Tulpe *(Tulipa cypria)* ist stellenweise recht häufig. An den Südhängen westlich von Lara wächst die endemische magentarote *Gladiolus triphyllus* in großer Zahl.

Das Gebirgsmassiv des Troodos nimmt ein großes Gebiet im Zentrum der Insel ein. Dieses Gebirge ist mit den Kalksteingebirgen der meisten Mittelmeerinseln nicht zu vergleichen, denn es besteht fast gänzlich aus hartem vulkanischem Gestein und Tiefengestein (Plutoniten) und gilt als Paradefundort für Ophiolithe (Teile der ozeanischen Erdkruste). In den höheren Bereichen des Troodos ist eine Vielzahl von endemischen Arten heimisch; ihre Blüte beginnt zwar schon im März, erreicht aber erst im Sommer ihren Höhepunkt. Hingegen kann man im Frühjahr Besonderheiten wie den Zyprischen Schneeglanz (*Chionodoxa lochiae*) im Schatten der dunklen Kiefern entdecken, ferner die seltenen Hahnenfuß-Arten *Ranunculus kykkoensis* und *R. cadmicus* var. *cyprius*, dazu große Mengen von *Arabis purpurea* (einer Gänsekresse), die rosaweißliche *Anthemis plutonia*, dichte Polster von *Euphorbia veneris*, die häufig aus dem Schnee emporwächst, schließlich in der Nähe der Schneelinie den kleinen *Crocus cyprius* und unter den Kiefern die stattliche purpurrote *Orchis troodi*.

Auch die endemische Zypern-Zeder *(Cedrus brevifolia)* ist im Troodos-Gebirge heimisch (sie kommt zwar nicht nur im gleichnamigen Tal der Zedern vor, doch ihr Verbreitungsgebiet ist klein). In den Höhenlagen existieren alte Bestände mit Taurischer Kiefer (*Pinus nigra* subsp. *pallasiana*) und Stinkendem Baum-Wacholder (*Juniperus foetidissima*). Zum Sommer hin blühen zahlreiche weitere Orchideen auf, ferner *Onosma troodi* (eine Lotwurz), mehrere endemische Steinkraut-Arten (*Alyssum* spp.), die dunkelrote *Orobanche cypria* und viele mehr. Mehr als ein Drittel der Pflanzen, die in Zypern endemisch sind, wachsen nur im Troodos-Gebirge!

Schließlich sollte man im Spätwinter oder Frühjahr auch die weitläufigen Grasfluren rund um die Salzseen auf der Halbinsel Akrotiri oder bei Larnaka besuchen – sie sind besonders orchideenreich; auch Kotschys Ragwurz (*Ophrys kotschyi*), ein seltener Endemit, kommt hier vor.

Nationalpark Kitulo

VON ROSALIND SALTER

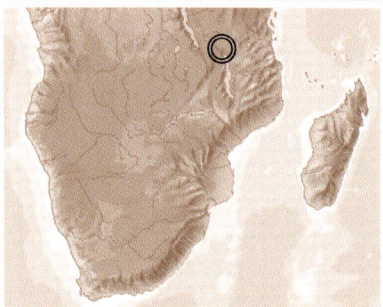

IN KÜRZE

Ort | Südliches Hochland von Tansania, in der Nähe von Matamba, etwa 100 km östlich von Mbeya. Der Weg führt über Chimala, von dort aus per Feldweg zur Hochebene; nur für Allradantrieb geeignet.

Attraktionen | Außergewöhnliche Blumenfülle in abgeschiedener und traumhafter Landschaft; besondere Vogel-, Reptilien- und Evertebraten-Arten, die teils nur hier vorkommen.

Reisezeit | Fast jederzeit von Ende November bis April lohnend, beste Zeit von Dezember bis Ende Februar.

Schutzstatus | Seit 2006 Nationalpark.

Gegenüber, oben *Habenaria occlusa*, eine der auffälligen Orchideenarten von Kitulo.

Gegenüber, unten Feuchte Graslandflächen im Februar; im Vordergrund die gelbe *Berkheya echinacea* (ein Korbblütler), leuchtend rote Orchideen und Kugeldisteln (*Echinops* sp.), im Hintergrund der Matamba Ridge.

Von den Einheimischen wird dieses Blumenparadies als «Bustani ya Mungu», der Garten Gottes, bezeichnet; bei Botanikern ist Kitulo als die «Serengeti der Blumen» bekannt. Die weite Landschaft der Hochebene erinnert an die Schottischen Highlands und die hohe Lage (rund 2600 m über dem Meeresspiegel) verstärkt das Gefühl von Ferne und Abgeschiedenheit. Das Kitulo-Plateau mit seinen vulkanischen Böden liegt zwischen den Kipengere- und Livingstone-Bergen und beherbergt das wichtigste montane Grasland-Ökosystem in Tansania. Kitulo ist weltweit als wichtiger «Hotspot» der Biodiversität mit zahlreichen Pflanzen-Endemiten bekannt.

Bereits die Fahrt nach Kitulo ist ein Erlebnis; sie führt durch abgelegene Gebiete mit beeindruckender Landschaft. Anfangs durchquert man Miombo-Wälder mit *Brachystegia*-Arten, deren junges Laub im November rot bis goldgelb leuchtet. In der Regenzeit (November bis April) wird Kitulo zum Paradies für Blumenliebhaber; bemerkenswert sind vor allem die Orchideenarten, viele davon selten und bedroht. Im Numbe Valley, an einer der schönsten Stellen, blühen Ende November Millionen der rosavioletten *Aster tansaniensis* auf und zeigen den Beginn der Regenzeit an. Weitere häufige, aber gleichzeitig für das Gebiet typische Arten sind die edelweißähnliche *Alepidea peduncularis*, die Strohblumen-Art *Helichrysum herbaceum*, die Primel-Gladiole (*Gladiolus dalenii*) und der elegante weiße Rittersporn *Delphinium leroyi*. An feuchteren Stellen dominieren Arten wie der zarte Storchschnabel *Geranium incanum* und die Schuppenkopf-Art *Cephalaria pungens*. Für sumpfige Standorte sind die auffällige endemische *Kniphofia paludosa* (eine Fackellilie) sowie *Lobelia mildbraedii* typisch, ihre Blüten werden vom Reichenow-Wida (*Euplectes psammocromius*) und vom Malachit-Nektarvogel (*Nectarinia famosa*) besucht und bestäubt. An exponierten Basaltspalten fließen Bäche entlang, an ihren Ufern findet man ungewöhnliche und interessante Arten wie den Sonnentau (*Drosera madagascariensis*), die zierliche gelbe Degenbinse *Xyris obscura* und *Cynorkis anacamptoides* (eine Orchidee).

Die Orchideenflora ist besonders artenreich und steht ab Januar in voller Blütenpracht, beispielsweise die hübsche *Disa welwitschii*, die in Massen auf dem Matamba Ridge vorkommt. Dieser zerklüftete Bergrücken bildet die Nordgrenze des Nationalparks; hier wachsen etliche Springkräuter (*Impatiens* spp.), mehrere *Protea*-Arten, Aloen (*Aloe* spp.) und Heidekrautgewächse (Ericaceae), ferner die seltene, irisähnliche *Moraea callista*.

Das eigentliche Hochplateau erstreckt sich vom Matamba Ridge bis zur gegenüberliegenden Seite des Numbe Valley. Mit viel Glück kann man dort, mitten im blühenden Grasland, zwischen gelber *Moraea tanzanica* und den nickenden Blüten von *Clematopsis uhehensis* die seltene Kafferntrappe (*Neotis denhami*) beobachten.

Vom Rand der Hochebene bieten sich wunderbare Ausblicke über die Livingstone-Berge; in ihren dichten Wäldern sind viele Bäume mit herabhängenden Flechten und epiphytischen Orchideen bewachsen. Dort ist die Heimat des heimlichen Kipunji-Affen (*Rungwecebus kipunji*, auch als Hochlandmangabe bezeichnet), er wurde erst 2003 entdeckt und ist die erste neu beschriebene Primatengattung des afrikanischen Kontinents seit 83 Jahren. Das Vorkommen dieser auf Südtansania beschränkten Art unterstreicht, welche Bedeutung das südliche Hochland von Tansania als Gebiet mit hoher Biodiversität und Endemitendichte besitzt. Doch es ist stark bedroht – durch das rapide Bevölkerungswachstum, illegalen Holzeinschlag und den gleichfalls illegalen Handel mit Orchideenknollen, der sogenannten Chikanda. Ernte und Handel dieser Orchideenknollen (es handelt sich um 45 Arten, die teils in Tansania oder lokal endemisch sind) wurden 2001 erstmals durch die Southern Highlands Conservation Society dokumentiert. Man hofft, dass der Raubbau an den Orchideen in Kitulo zurückgeht und die Wirtschaft vor Ort durch die Förderung von Öko- und Naturtourismus einen Aufschwung nimmt.

Noch ist Kitulo relativ unbekannt und damit einer der wenigen verbliebenen Orte, wo eine echte Atmosphäre der Abgeschiedenheit und Unberührtheit herrscht. Blumenliebhaber werden sich in Kitulo niemals langweilen, doch ohne ein Fahrzeug mit Allradantrieb, Wanderstiefel und Regenschirm ist man dort fehl am Platz.

Namaqua-Wüste: Goegap und Richtersveld

IN KÜRZE

Ort | Rund um Springbok, zum Norden der Nördlichen Kapprovinz hin.

Attraktionen | Außerordentlich farbenprächtige Wüstenflora im zeitigen Frühjahr, die von Zwiebelgewächsen und einjährigen Arten dominiert ist; zusätzlich viele interessante Wüstentiere, inklusive Vogelarten.

Reisezeit | Höhepunkte von Juli bis September, je nach Winterregenmenge variierend; einige Pflanzenarten mit spektakulärer Blüte im Herbst (Februar bis April), ein paar Arten blühen im Winter am besten.

Schutzstatus | Mit nur einem wichtigen Schutzgebiet und einem Nationalpark ist der Schutz relativ lückenhaft; große Gebiete sind ungeschützt und durch Landwirtschaft, Abbau von Bodenschätzen und Erschließungsmaßnahmen bedroht.

Bereits lange, bevor ich schließlich nach Namaqualand reisen konnte, hatte ich davon gehört – ein Ort, von dem Botaniker nur mit größter Verzückung sprechen, das ultimative Highlight der botanischen Biodiversität. Inzwischen bin ich dreimal dort gewesen und kann das Urteil bestätigen: Zu seinen besten Zeiten ist das Namaqualand einfach fantastisch. Die Namaqua-Wüste ist riesig, wir stellen hier nur den Nordteil rund um Springbok vor. Die Namaqua-Wüste liegt im Winterregengebiet; die geringen Jahresniederschläge sind selten höher als 150 mm und fallen hauptsächlich von März bis August. In manchen Jahren – oft sogar in mehreren aufeinanderfolgenden Jahren – regnet es kaum.

Botanisch ist die Namaqua-Wüste eine absolute Ausnahmeerscheinung: Hier sind über 3000 Pflanzenarten heimisch – deutlich mehr als in jeder vergleichbaren Wüste – und dazu ist der Endemitenanteil ungewöhnlich hoch, denn etwa die Hälfte der dort wachsenden Pflanzenarten kommt nirgendwo sonst vor. Diese wundervolle Flora weist einige Besonderheiten auf: Erstaunlich sind zum einen die etwa tausend Sukkulentenarten (eine extrem hohe Zahl, etwa ein Zehntel der weltweiten Sukkulentenflora), zum anderen die fast 500 Arten an Zwiebel-, Knollen- und Rhizomgewächsen (fast alle mit prächtigen Blüten) und schließlich die «Lebenden Steine», jene merkwürdigen kleinen Pflanzen aus der Familie der Aizoaceae. Zwei Faktoren sind vermutlich für den Artenreichtum der Namaqua-Wüste verantwortlich: Sie ist eine sehr alte und stabile Wüste, die seit sehr langer Zeit weder vereist noch anderen größeren klimatischen Veränderungen unterworfen war, und ihr relativ ausgeglichenes Wüstenklima kennt kaum Extreme. Trotzdem kommen die meisten Besucher nicht wegen des außerordentlichen Artenreichtums, ihr Ziel ist vielmehr das unglaubliche Blütenspektakel von vergleichsweise wenigen einjährigen Arten – selbstverständlich wird jeder Aufenthalt durch die große Zahl zusätzlicher Pflanzen umso interessanter.

Das Goegap Reserve (Schutzgebiet) ist vermutlich der Platz mit der größten Blütenpracht in der gesamten Region. In diesem relativ kleinen Schutzgebiet, direkt östlich von Springbok, kommen über 600 Pflanzenarten vor; mit seinem guten Besucherzentrum, Café und botanischen Garten eignet es sich hervorragend als Ausgangspunkt für verschiedene Wanderungen oder Fahrten, die in die besten Gebiete führen. Die zerklüftete Wüstenlandschaft ist von einer kargen Schönheit; hier und da stehen einige «Köcherbäume» (Drachenbaum-Aloe, *Aloe dichotoma*), wachsen *Pachypodium namaquanum* oder wüstentypische Wolfsmilch-Arten (*Euphorbia* spp.), erblickt man vielleicht einen äsenden Spießbock (*Oryx gazella*) oder die kleine Gesägte Flachschildkröte *(Homopus signatus)*. Die Blütenfülle ist im August und September erstaunlich; dominierend sind orangefarbene und gelbe Gazanien (*Gazania* spp.), die hellgelben Blüten von *Grielum humifusum* («Desert Primrose»), gelbe, rosa- und rotviolette Mittagsblumen (auf Afrikaans «Vygies», diverse Gattungen der Aizoaceae), viele unterschiedliche Korbblütler («Daisies») mit gelben oder orangefarbenen Blüten, rosa- oder magentafarben blühende *Pelargonium*-Arten, dazu Zwiebel-, Knollen- und Rhizomgewächse aus etlichen Gattungen, zum Beispiel *Lapeirousia*, *Lachenalia* (Kaphyazinthen), *Chlorophytum* (Grünlilien) oder *Moraea*. Mit 45 heimischen Säugetier- und etwa hundert Vogelarten ist auch die Fauna vielfältig und beeindruckend, nicht zu vergessen die 26 Reptilienarten mit interessanten Vertretern wie der Felsagame *(Agama atra)*.

Gegenüber Ein Spießbock inmitten der blühenden Wüste des Goegap Reserve.

Oben Die Wüstenblüte bei Nababeep; hier eine der bekanntesten einjährigen Frühjahrsblumen von Namaqualand, die orangegoldene *Ursinia cakilefolia*.

NAMAQUA-WÜSTE: GOEGAP UND RICHTERSVELD

Ganz anders der Richtersveld-Nationalpark direkt an der Grenze zu Namibia; er ist kaum erschlossen und durch Ursprünglichkeit, «wilde» Natur und Abgeschiedenheit geprägt. Die Niederschläge liegen zwar meistens unter 50 mm pro Jahr, doch die botanische Artenfülle (mehr als 350 Endemiten!) ist unglaublich. Westlich von Springbok liegen einige Gebiete mit wunderbarer Wüstenblüte, die allerdings nicht unter Schutz stehen: Rund um die kleine Bergbaustadt Nababeep erstrecken sich im Frühjahr orangegoldene Teppiche aus *Ursinia cakilefolia* (einem Korbblütler aus der Gattung der Bärenkamillen), dazwischen wachsen viele weitere botanische Besonderheiten. Auch die Straße nach Kleinzee (westwärts in Richtung Atlantikküste) führt durch Berge mit wunderbarer Heidevegetation, vielen Orchideen und diversen Zwiebelgewächsen.

Was Blütenfülle und Zeitpunkt angeht, weichen die Jahre erheblich voneinander ab, deshalb sollte man sich vor und während des Aufenthalts möglichst genau informieren.

Gegenüber Blütenschauspiel im Goegap Reserve, im Vordergrund die große sukkulente *Euphorbia dregeana* (eine Wolfsmilch-Art), daneben orangfarbene Korbblütler («Daisies») und andere Frühjahrsblumen.

Unten Prächtige Exemplare der Drachenbaum-Aloe («Köcherbaum») inmitten von bunten Frühlingsblumen bei Springbok, Namaqualand.

Folgende Doppelseite Atemberaubende Blütenpracht nach einem regenreichen Winter, im Hintergrund die Gifberge bei Vanrhynsdorp.

Nieuwoudtville und Bokkeveld

IN KÜRZE

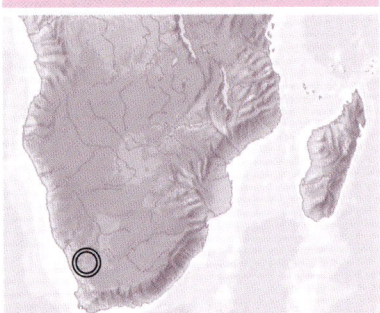

Ort | Rund um das Städtchen Nieuwoudtville, etwa 50 km nordöstlich von Vanrhynsdorp.

Attraktionen | Unvorstellbar üppige Frühlingsflora, insbesondere Zwiebelgewächse, in spektakulärer Farbenpracht; interessante Vogelarten; kulturelle Zeugnisse der Khoisan.

Reisezeit | Hauptblütezeit im Frühjahr von Mitte August bis Oktober, Höhepunkt meistens Ende August bis Anfang September; auch der Herbst (Februar bis April) kann gut sein.

Schutzstatus | Das Gelände wird größtenteils landwirtschaftlich genutzt (manchmal so, dass auch Wildblumen gedeihen); es gibt einige relativ große Schutzgebiete.

«Nieuwoudtville, bulb capital of the world. Visit us» (Nieuwoudtville, Blumenzwiebel-Hauptstadt der Welt. Besuchen Sie uns), so steht es zur Begrüßung am Ortsrand von Nieuwoudtville, einer kleinen Siedlung am Rand des Bokkeveld-Plateaus. Tatsächlich liegt Nieuwoudtville mitten in einem erstaunlichen Landstrich, der reich an Zwiebelgewächsen und anderen Blumen ist.

Die Gegend ist zwar nicht weit vom südlichen Namaqualand entfernt, unterscheidet sich in ihrer Flora jedoch deutlich. Das Gebiet ist höher gelegen und feuchter, die Böden sind tiefgründiger und können das Wasser bis in den Sommer speichern. Aufgrund dieser günstigen Klima- und Bodenverhältnisse wird die Region landwirtschaftlich relativ intensiv genutzt, viele Kulturflächen liegen im flacheren Gelände in der Nähe der Großen Randstufe (Escarpment). Die besonderen Pflanzen und der spektakuläre Blütenreichtum sind vor allem im sogenannten Renosterveld anzutreffen, einem Vegetationstyp, der nach dem Nashornbusch (*Elytropappus rhinocerotis*, auf Afrikaans «Renosterbos») benannt ist; allerdings wurden inzwischen große Teile untergepflügt oder gerodet.

Auf dem Hochplateau wachsen fast 1400 Pflanzenarten, mindestens 80 davon sind in dieser Gegend endemisch. Auffällig ist insbesondere die hohe Zahl an Zwiebel-, Knollen- und Rhizomgewächsen («Geophyten»), fast alle mit zauberhaften Blüten. Alleine rund um Nieuwoudtville kommen über 300 verschiedene Geophytenarten vor, viele davon sind endemisch. Diese erstaunliche Vielfalt hängt wohl damit zusammen, dass Geophyten gut an trockene Sommer angepasst und in der Erde gegen hungrige Stachelschweine geschützt sind.

Da etwa 80 Prozent der ursprünglichen Renosterveld-Flora verschwunden sind, ist es nicht ganz einfach, die guten Gebiete zu finden. Im ausgezeichneten Blumen-Informationszentrum in Nieuwoudtville erhält man jedoch hilfreiche Tipps. Ein guter Ausgangspunkt ist das Schutzgebiet Matjiesfontein etwa 13 km südlich

Rechts Besonders üppige Frühjahrsflora im Renosterveld bei Nieuwoudtville; vor allem die gelben Blütenstände von *Bulbinella latifolia* springen ins Auge.

Gegenüber Auf den ehemaligen Äckern der Matjiesfontein Farm, heute Naturschutzgebiet, ist der Blütenreichtum immens.

von Nieuwoudtville; dieser ehemalige, alte Bauernhof ist jetzt weitgehend dem Erhalt der speziellen Flora gewidmet. Die Blütenpracht ist hier wirklich atemberaubend! Jede Fläche ist anders: An manchen Stellen herrschen zum Beispiel die hohen gelben Blütenstände der *Bulbinella*-Arten vor (die den Steppenkerzen, *Eremurus* spp., ähneln), daneben wachsen niedrigere, orangerote, gelbe oder blaue Korbblütler und etliche nicht ganz so auffällige Zwiebelgewächse. Andere Bereiche werden zum roten oder rosaroten Farbenmeer – hier dominieren ein oder zwei Sandkrokus-Arten (*Romulea* spp.) mit riesigen roten oder gelben Blüten, rosa- und weißblütige Abendblüte (*Hesperantha* spp.), mehrere *Sparaxis*-Arten, drei oder vier der irisähnlichen *Babiana*-Arten und mindestens drei Elfensporn-Arten (*Diascia* spp., Gärtnern auch als Doppelhörnchen bekannt). An wieder anderen Stellen breiten sich Mittagsblumen (auf Afrikaans «Vygies», diverse Gattungen der Aizoaceae) in allen Farbschattierungen aus, während andernorts Korbblütler wie Gazanien (*Gazania* spp.) und Kapastern (*Felicia* spp.) gelbe, weiße, orange- oder lilafarbene Teppiche bilden. Dazwischen gilt es kleine botanische Kostbarkeiten zu entdecken – Seltenheiten, Endemiten oder besonders hübsche Zwiebel- oder Knollengewächse, beispielsweise einige kleine Gladiolen (*Gladiolus* spp.) oder die winzigen blauvioletten *Lapeirousia*-Arten.

Auch Bikoes Farm, Oorlogskloof und das Nieuwoudtville Wild Flower Reserve (letzteres mit großem Artenreichtum, doch selten mit spektakulärer Blüte) sind

Unten Auf den feuchteren Böden des Renosterveld gedeihen vor allem Zwiebel- oder Knollengewächse besonders gut, im Bild die leuchtend rote *Romulea sabulosa*, ein Sandkrokus.

lohnende Ziele in der Nachbarschaft. Der Hantam Botanical Garden wurde 2007 gegründet und ging aus einer 6200 ha großen Farm hervor, die bereits früher extensiv bewirtschaftet wurde und damit den Blütenreichtum förderte. Der jetzige Betreiber ist das South African National Biodiversity Institute (SANBI). Zur Blütezeit (August bis Oktober) gibt es geführte Wanderungen durch das Gebiet, in dem auch viele Vogelarten heimisch sind, darunter Heilige Ibisse (Threskiornis aethiopicus) und Paradieskraniche (Anthropoides paradisea).

Nach Osten hin (in Richtung Calvinia) wird das Klima immer trockener und kühler; naturbelassene Habitate sind dort zwar häufiger, doch es gibt auch weniger Blumen. Zur Großen Randstufe, also nach Westen hin, nehmen die Niederschläge zu, das Gelände wird felsiger und geht allmählich in Fynbos (s. S. 132 f.) auf Sandsteinuntergrund über. Hier finden sich wunderbare Orchideenbestände und weitere schöne Geophytenvorkommen. Weiter nordwärts wird es wärmer und trockener, vor allem auf Nordhängen; dort gibt es Stellen mit Drachenbaum-Aloe (Aloe dichotoma) und besonders blütenreichem Unterwuchs. Typisch sind hier Aptosimum indivisum («Karoo-Veilchen», ein Braunwurzgewächs) oder das strauchige, gelb blühende Sarcocaulon crassicaule (aus der Gattung der Buschmannskerzen), die weiße oder rosaviolette Zaluzianskya violacea (Gattung Sternbalsam, ebenfalls ein Braunwurzgewächs) und die hübschen blauen Sonnenfreund-Arten (Heliophila spp.).

Oben links Hesperantha pauciflora mit intensiv pinkfarbenen Blüten dominiert dieses Feld in der Nähe von Nieuwoudtville, daneben andere Zwiebelgewächse und einjährige Pflanzen.

Obern rechts Der auffällige Blütenstand von Satyrium erectum, einer Orchidee, die auf feuchten Lehmböden wächst.

Fynbos, Südwestliche Kapprovinz

IN KÜRZE

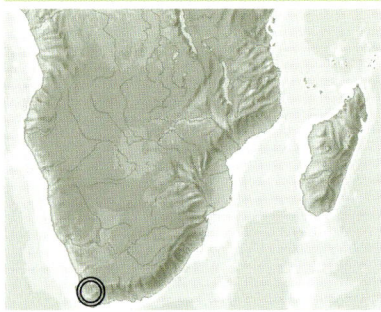

Ort | Zwischen Kapstadt und Hermanus, vorwiegend in Küstennähe.

Attraktionen | Gehört zu den blütenreichsten Gegenden der Welt; ungeheure Artenvielfalt; Frühlings- und Sommerflora sind oft spektakulär.

Reisezeit | Hauptblütezeit von August bis November, ist allerdings sehr stark von Höhenlage und jeweiliger Witterung abhängig; insgesamt ist der September vermutlich der beste Monat.

Schutzstatus | Die beschriebenen Gebiete genießen guten Schutz; sind aber nur die Überreste der früher viel größeren natürlichen Fynbos-Fläche. Außerhalb der Schutzgebiete ist das Fynbos-Habitat oft durch Erschließung, unkontrollierte Feuer und andere Gefahren bedroht.

Rechts Die niedrigen Fynbos-Sträucher des Nationalparks Table Mountain stehen im August und September in voller Blüte.

Unter den sechs Florenreichen der Welt ist die Kapensis (Cape Floristic Region, CFR) mit 90 000 km² zwar deutlich das kleinste, doch es beherbergt mehr als 9000 Blütenpflanzenarten. Die meisten Arten kommen im Fynbos vor, einer Hartlaubvegetation, die an die Strauchformationen der Macchie und Garrigue im Mittelmeergebiet erinnert. Der Fynbos ist zwar nicht auf die Kapensis beschränkt, erreicht hier aber seine Klimaxform und ist außerhalb der CFR selten. Er ist hauptsächlich, aber nicht ausschließlich, mit den Sandstein- und Quarzitformationen des südafrikanischen Kapgebirges assoziiert.

Der Blütenflor des Fynbos ist zwar nicht ganz so spektakulär wie in den Gebieten der Nördlichen Kapprovinz, doch man sollte sich die einzigartige Kombination von außergewöhnlicher Artenvielfalt und Blütenreichtum nicht entgehen lassen. Das Klima ist kühler und stärker mediterran, und der Anteil strauchiger Arten ist größer als in den Wüstengebieten. Daher finden Pflanzenarten, die an offene Flächen angepasst sind (viele einjährige), seltener gute Wachstumsbedingungen vor, und die Blütensaison weist keine sehr ausgeprägten Höhepunkte auf.

Die Südwestliche Kapprovinz gehört zu den stärker besiedelten Regionen Südafrikas, und so ist es kaum verwunderlich, dass die meisten Fynbos-Gebiete stark fragmentiert sind. Trotzdem findet man hier den Fynbos in seiner besten Ausprägung, und es existieren mehrere hervorragende Schutzgebiete. Besonders zu erwähnen sind der Nationalpark Table Mountain, das Fernkloof Nature Reserve bei Hermanus und das riesige Biosphärenreservat Kogelberg Nature Reserve (nördlich von Betty's Bay). Dies sind die drei wichtigsten Gebiete, sie ermöglichen einen guten Überblick über die gesamte Fynbos-Vegetation und beherbergen Vertreter der meisten Fynbos-Besonderheiten.

Der Nationalpark Table Mountain ist ein guter Ausgangspunkt, um den Fynbos besser kennenzulernen, denn die meisten hoch gelegenen und wilden Gebiete der Kaphalbinsel (von Kapstadt südwärts bis zum Kap der Guten Hoffnung) sind Teil des Nationalparks. Viele sehr gute Fynbos-Gebiete befinden sich in der Nähe des ausgezeichneten Besucherzentrums, das im Süden des Parks bei Buffelsfontein liegt. Im Frühling wird die Vegetation durch die Farben und Formen der Proteaceen-Blüten dominiert; diese Familie ist mit zahlreichen Arten vertreten: Da sind zum Beispiel die *Protea*-Arten selbst, ferner Silberbaum-Arten (*Leucadendron* spp.), *Mimetes*-Arten wie die seltene *Mimetes hirtus*, außerdem die rosaweißlichen *Serruria* spp. und die hübschen gelblichen oder rötlichen Nadelkissen-Arten (*Leucospermum* spp.).

Zwischen den größeren Proteaceen-Büschen gedeiht ein erstaunliches Sammelsurium an kleineren Pflanzen, meist mehrjährige Arten mit einer immensen Formenvielfalt: Unmengen von Heidekrautgewächsen in vielen Farben (Ericaceae, darunter etliche *Erica*-Arten), viele Iridaceae (Schwertliliengewächse), wie *Witsenia maura* mit merkwürdigen schwarz-gelben Blüten, *Moraea*-Arten in allen erdenklichen Farben, hohe Watsonien (*Watsonia* spp.), viele verschiedene Wild-Gladiolen (*Gladiolus* spp.) und *Babiana*-Arten mit intensiven Blütenfarben. Dazu kommen gelbe *Wachendorfia*-Arten, eine verwirrende Menge unterschiedlicher Sauerklees (*Oxalis* spp.) in Rosa, Weiß, Rot oder Gelb – und dann natürlich die Orchideen: Dutzende von Arten in etlichen Farben und Formen, insbesondere bei den hochwüchsigen *Satyrium*- und den auffälligen *Disa*-Arten. Besonders spektakulär ist die leuch-

tend rote *Disa uniflora* (Stolz des Tafelbergs). In der Nähe des Nationalparks liegt auch der berühmte Botanische Garten von Kirstenbosch, den man unbedingt sehen sollte.

Weiter ostwärts gelangt man zum riesigen Kogelberg Nature Reserve, das im Norden von Betty's Bay und Kleinmond liegt und den größten Teil der Halbinsel einnimmt. Dieses Biosphärenreservat und Weltnaturerbe umfasst fantastische Berg-Fynbos-Gebiete und beherbergt über 1650 Blütenpflanzenarten – etwa 150 davon Endemiten. Zu den seltenen und spektakulären Arten gehören *Orothamnus zeyheri* (eine Proteacee, die Art galt zeitweilig als ausgestorben), die strauchige *Phaenocoma prolifera* mit strohblumenähnlichen rosafarbenen Blüten und die zauberhafte *Erica perspicua*, die weiß, rosa und rötlich violett blüht.

Auch das Fernkloof Reserve nördlich von Hermanus ist lohnend; es hat einige schöne Themengärten, ein gutes Besucherzentrum und ein 60 km langes Wegenetz. Von den hier heimischen (mindestens) 1475 Arten stehen 40 auf der Roten Liste der bedrohten Arten, 3 sind für das Fernkloof Reserve und ungefähr 20 für die unmittelbare Umgebung endemisch. Vielleicht ist Fernkloof sogar der botanisch artenreichste Ort der gemäßigten Klimazone!

Gegenüber Der Tafelberg bei Kapstadt bietet nicht nur eine wunderbare Aussicht, sondern auch eine unglaublich reichhaltige Flora.

Unten Die bezaubernden orangeroten Blüten von *Leucospermum cordifolium* (einer Nadelkissen-Art) im Fynbos bei Kapstadt.

Kleine Karoo

VON ADRIAN MÖHL

IN KÜRZE

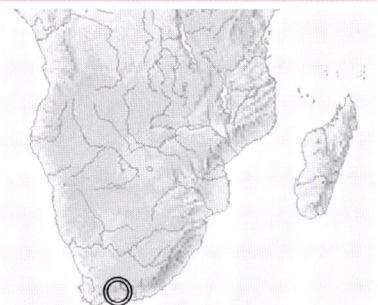

Ort | Südafrika, zwischen den Langeberg und den Swartberg Mountains.

Attraktionen | Leuchtende Mittagsblumen, ausgefallene Lebensformen, stolze Aloen und farbig blühende Sukkulenten.

Reisezeit | Ganzes Jahr, im September viele Mittagsblumen, Blumenteppiche nach Niederschlägen, die das ganze Jahr fallen können.

Schutzstatus | Mehrere Naturreservate, wovon Anysberg das größte und bedeutendste ist.

«Süßer Dorn» nennen die Südafrikaner die wohl prominenteste Pflanze der Kleinen Karoo, eine Akazienart, die man hier überall entlang von Wasserläufen und in Flusstälern finden kann. Wenn auf der Nordhalbkugel die Weihnachtsbäume geschmückt werden, erfreut die Karoo-Akazie *(Acacia karoo)* mit ihren leuchtend gelben Blütenkugeln jedes Jahr die Bewohner und Besucher der Karoo. Die Kleine Karoo ist zwar weniger berühmt als das Namaqualand oder die Kap-Halbinsel, doch steht sie an botanischen Spezialitäten und Besonderheiten den beiden anderen südafrikanischen Gebieten kaum nach. Besonders bei Liebhabern von Sukkulenten hat die Karoo, und insbesondere die Kleine Karoo, schon lange einen guten Ruf. Wie es der Name suggeriert, ist die Kleine Karoo kleiner als die Große Karoo, welche sich im Nordosten des Kaplands erstreckt. Die Kleine Karoo liegt eingebettet zwischen den Langeberg und den Swartberg Bergketten und weist ein Klima auf, das typisch für Halbwüsten ist. Die Niederschläge betragen hier maximal 300 mm pro Jahr und vielerorts besticht die Kleine Karoo eher durch spannende geologische Besonderheiten denn durch üppigen Pflanzenwuchs.

Möchten Sie gerne eine neue Pflanzenart entdecken? In der Kleinen Karoo haben Sie große Chancen, fündig zu werden. Jedes Jahr werden in den verlassenen Tälern und den weiten Gebirgen wieder neue Pflanzen entdeckt. Etwas Glück gehört hier sicher auch dazu, genau wie wenn es darum geht, die Karoo in Blüte anzutreffen. Die Regenfälle sind in der Karoo meist über das ganze Jahr verteilt. Während die westlichen Teile noch im Einflussgebiet der Winterregenzone sind und sich deshalb Exkursionen ganz besonders im September und Oktober lohnen, können die weiter östlich gelegenen Gebiete das ganze Jahr hindurch Regen kriegen. Kommt man in ein Gebiet, in dem es vor Kurzem geregnet hat, so bietet sich ein wunderbar buntes Blütenschauspiel: die Karoo-Veilchen *(Aptosimum procumbens)* blühen

Oben Das Karoo-Veilchen *(Aptosimum procumbens)* hat abgesehen von der Farbe nicht viel mit Veilchen zu tun.

Rechts Diese «Lebenden Steine» sind gut getarnt und nur während der Blütezeit aufzuspüren.

dann mit ihren wunderbar dunkelblauen Blüten. Die Sträucher des Gelben Granatapfels *(Rhigozum obovatum)*, der mit dem echten Granatapfel überhaupt nicht verwandt ist, leuchten mit ihren großen, prächtig gelben Blütentrompeten. Auch die verschiedenen Fettblattgewächse (Crassulaceae) weckt der Regen aus dem Trockenschlaf. Wer sich auf eine Edelsteinjagd der ganz besonderen Art machen will, der kann hier auch nach «Lebenden Steinen» suchen. Verschiedene Gattungen aus der Familie der Eisblattgewächse (Aizoaceae) sehen aus wie Quarzstückchen und finden sich meist auch in Quarzfeldern, die man in der Karoo immer mal wieder entdecken kann. Zwischen den echten Steinen sind sie perfekt getarnt. Wenn sie nicht gerade am Blühen sind, braucht es ein geübtes Auge, um sie zu entdecken. Wer es lieber etwas größer und üppiger hat, der ist mit den verschiedenen Aloearten gut bedient. In der Kleinen Karoo sind die Kap-Aloen *(Aloe ferox)* besonders prominent. Sie wurden von den Menschen hier seit jeher verwendet, enthalten sie doch viele wertvolle Bitterstoffe. Die im Dezember blühende Bischofsmützen-Aloe *(Aloe perfoliata)* ist vielleicht die prächtigste Vertreterin ihrer Gattung. Manchmal sieht man sie schon aus großer Entfernung an kargen Felswänden leuchten, an denen sie gerne wächst. Die leuchtenden Blüten ziehen Nektarvögel, welche die Art bestäuben, schon von Weitem an. An Leuchtkraft nimmt es hier wohl nur die sehr seltene Karminrote Protea *(Protea aristata)* mit ihr auf, die in den Bergen bei Ladysmith gefunden werden kann. Wer sie findet, wird den schweißtreibenden Aufstieg, der zu ihr führt, schnell vergessen haben.

Oben Es ist eine wahre Farbenpracht, wenn die Büsche des Gelben Granatapfels in Blüte stehen.

Unten Sie ist schon fast eine Symbolblüte der Kleinen Karoo: die Karoo-Akazie *(Acacia karoo)* mit ihren leuchtend gelben Blütenpompons.

Drakensberge

VON ADRIAN MÖHL

IN KÜRZE

Ort | Höchste Erhebung im südlichen Afrika, im Grenzgebiet Südafrika und Lesotho.

Attraktionen | Farbenfrohe Bergblumenwiesen, reichhaltige Gebirgsflora, eindrückliche Gebirgswelt.

Reisezeit | Die besten Monate für Bergblumen sind zwischen November und Februar, in den tieferen Lagen auch von Oktober bis Mai.

Schutzstatus | Unesco-Weltnaturerbe.

Wenn sich an einem Dezembermorgen die Nebelschleier verziehen und sich die Bergblumenwiesen umrahmt von der Kulisse der messerscharfen Gipfel der «uKhahlamba» in ihrem morgendlichen Glanz zeigen, lässt dies nicht nur das Herz der Botaniker höher schlagen. Ukhahlamba ist der Name, den die Zulus den Drakensbergen gegeben haben – ein trefflicher Name, bedeutet er doch «Wand der aufgestellten Speere». Das Basaltgebirge entstand zu einer Zeit, als Afrika noch ein Teil des südlichen Riesenkontinents Gondwana war. Das ganze Gebiet, das heute Natal entspricht, war mit einer bis zu 1000 m dicken Lavaschicht bedeckt. Als sich der afrikanische Kontinent loslöste, formten Flüsse und Bäche das heute so pittoresk ausschauende Gebirge.

Bis auf 3000 m erheben sich die Gipfel der Drakensberge. Die Abfolge der verschiedenen Vegetationsstufen könnte kaum reichhaltiger sein. So hat der Pflanzenjäger auch gleich die Qual der Wahl: Soll er sich in den tiefer gelegenen Wäldern nach Orchideen, Begonien und Farnen umsehen? Soll er die Farbenpracht der bunten Graslander der höheren Stufen genießen? Oder lockt es ihn vielmehr in die Gipfelregion, wo ihn eine äußerst vielfältige Bergflora erwartet, die einen fast alpinen Charakter hat?

Ein Wandertag in den Drakensbergen erinnert in vielem an einem ausgedehnten Gang durch einen Blumenladen. Besonders im Frühsommer stehen die Graslander reich an bunten Blumen. Neben zahlreichen Orchideen und Irisgewächsen entdeckt kann man in diesem Monat auch mancherorts die leuchtend orangefarbenen Weihnachtsglöckchen (Sandersonia aurantiaca), die in Europa immer mehr

Rechts Anders als ihre roten und gelben Schwesterarten blüht die dekorative Drakensberg-Fackellilie (Kniphofia brachystachya) in warmen Brauntönen.

als Schnittblumen in Mode kommen. Auch rosafarbene Watsonien *(Watsonia lepida)*, Hasenglöckchen *(Dierama dracomontanum)*, Schmucklilien oder Liebesblumen *(Agapanthus campanulatus)* oder elegante Natal-Blausterne *(Scilla natalensis)* sehen in den Bergwiesen fast unwirklich aus, als ob sie ein eifriger Florist zwischen die Gräser gesteckt hätte. Die Familie der Hundsgiftgewächse *(Apocynaceae)* wartet ebenfalls mit höchst ungewöhnlichen Blüten auf. In den meisten Fällen sollen die extravaganten Blüten Fliegen anlocken – auf den Botaniker wirken die seltsam geometrischen Blüten aber oftmals auch wie Magnete.

Seit dem Jahr 2000 sind rund 250 000 ha des Gebietes zum Unesco-Weltnaturerbe ernannt worden. Dieses Gebiet umfasst nicht nur die landschaftlich vielfältigsten Regionen, sondern auch diejenigen, die aus biologischer Sicht besonders spannend sind. So finden sich hier fast 300 Vogel- und über 2200 Pflanzenarten. Viele dieser Arten kommen hier endemisch vor und viele haben es in die Gärten auf der ganzen Welt geschafft. Allen voran sind hier die verschiedenen Fackellilien-Arten *(Kniphofia)* zu nennen, aber auch Gold-Montbretien *(Crocosmia aurea)* und Rhodohypoxis *(Rhodohypoxis baurii)* haben es zu einem großen Bekanntheitsgrad gebracht. Keine Gartenanlage kommt jedoch an die wilden Gärten hoch oben am Sanipass oder in Witzieshoek heran, welche in den Sommermonaten in einer Farbenpracht blühen, die das Herz jedes Blumenfreundes höher schlagen lässt.

Oben Die Hundsgiftgewächse beeindrucken durch ihre speziellen Blütenformen. Hier ein Vertreter der Gattung *Xysmalobium*.

Unten In den *Protea*-Grasländern, hier mit dem Afrikanischen Zuckerbusch *(Protea roupelliae)*, findet sich eine reichhaltige Flora, unter anderem mit vielen Orchideenarten.

Großer Kaukasus

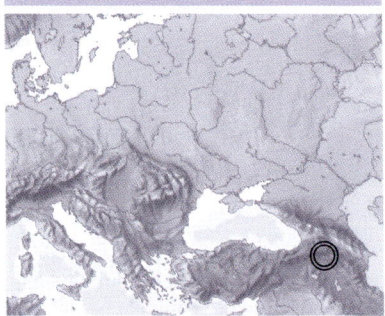

IN KÜRZE

Ort | Entlang der gesamten Nordgrenze Georgiens, mit weiten Teilen aber auch in Russland, Aserbaidschan und anderen kleineren Ländern, die zum Teil noch nach Anerkennung streben, wie Südossetien.

Attraktionen | Außergewöhnlich artenreiche Flora der alpinen, der montanen und der Waldstufe, viele seltene und endemische Pflanzen.

Reisezeit | Am besten von Mai bis Juli. Die Blüte beginnt im März (doch zu dieser Zeit sind die Standorte schwer zu erreichen) und hält an bis zum Herbst.

Schutzstatus | Der offizielle Schutz ist beschränkt und leidet unter der politischen Instabilität der Region.

Gegenüber Ein Hang mit der kaukasischen Form der Frühlings-Schlüsselblume (*Primula veris* subsp. *macrocalyx*) im Tal von Passanauri.

Der Große Kaukasus ist in jeder Hinsicht Ehrfurcht gebietend: Dieser Gebirgszug ist nicht nur atemberaubend hoch (viele Gipfel überschreiten die 5000er-Marke), sondern hat auch eine gewaltige Ausdehnung. Er trennt Länder und Kulturen und beherrscht die Landschaft einer ganzen Region. Manche Gebirge präsentieren ihre Höhen so sanft und anmutig, dass man kaum bemerkt, auf welcher Meereshöhe man sich befindet – nicht so der Große Kaukasus. Seine Wände sind unglaublich steil, ständig gehen Lawinen und Erdrutsche ab, riesige Schuttkegel und Blockhalden erstrecken sich himmelwärts. Man kann sich des Eindrucks nicht erwehren, hier sei alles noch «im Bau».

Weite Teile der Gebirgskette liegen oberhalb der – durch jahrtausendelanges Äsen, Weiden und Roden abgesenkten – Baumgrenze, und die weiten, offenen Grasflächen, die Felswände, Geröllhalden, Schneefelder, ja sogar die Gletscher beherbergen eine schier unglaubliche Zahl verschiedenartiger Blumen. Die Kaukasusflora kann mit mindestens 6300 Arten aufwarten, von denen etwa 1600 endemisch sind. Viele davon haben längst den Weg in unsere Gärten gefunden (und noch viele mehr könnten es ihnen gleich tun) und die meisten gedeihen hier in großen Mengen.

Sobald im März in den höheren Lagen die Schneeschmelze einsetzt, erscheinen die ersten Blumen, obwohl jeder neue Spross bis zum Sommer jederzeit damit rechnen muss, noch einmal mit Schnee bedeckt zu werden. Die nickenden weißgrünen Blüten von Millionen Schneeglöckchen (*Galanthus* spp., in mindestens sechs verschiedenen Arten), Teppiche aus zierlichen hellblauen oder weißen Kaukasus-Windröschen (*Anemone caucasica*) und Hänge voller blauvioletter Küchenschellen (meist die endemische *Pulsatilla violacea*) eröffnen die Saison. Bald darauf gesellen sich verschiedene *Primula*-Arten in Pink, Purpur und Gelb dazu. An feuchteren Hängen, an denen der Beweidungsdruck unter Umständen geringer ist, breiten sich gelbe, purpurne und gemusterte Schachblumen (*Fritillaria* spp.) aus, kobaltblaue Blausterne (*Scilla* spp.) und Traubenhyazinthen (*Muscari* spp.) bilden dichte Bestände; manche Stellen sind übersät mit den leuchtend gelben Blüten einer der vielen Gelbstern-Arten (*Gagea* spp.). Etwa zur selben Zeit erstrahlen schneefreie Felsen, vor allem wenn sie im Schatten liegen, in den Farben gelber, weißer und purpurner Steinbrech-Arten (*Saxifraga* spp.), darunter befinden sich einige außergewöhnlich schöne Endemiten wie die gelb blühende *Saxifraga ruprechtiana*; dazu kommen die dicht mit gelben Blüten besetzten Kissen von *Draba bryoides*, einem Felsenblümchen, das wesentlich hübscher ist als die meisten Vertreter seiner Gattung, sowie die ersten gelben oder pinkfarbenen Fingerkräuter (*Potentilla* spp.). Der Mai lockt dann die ersten Enziane hervor, so auch *Gentiana angulosa* mit seinen unerhört blauen Blüten; es wird ein Blumenreigen eingeläutet, der (außer in sehr trockenen Jahren) den ganzen Sommer über anhält: Weitere Enziane, Fingerkräuter, Trollblumen (*Trollius* spp.), Flockenblumen (*Centaurea* spp., darunter ein paar wunderschöne Endemiten), Skabiosen (*Scabiosa* spp.), Glockenblumen (*Campanula* spp.), Lilien (*Lilium* spp.), Grünlicher Germer (*Veratrum lobelianum*), Eisenhut-Arten (*Aconitum* spp.), verschiedene Knabenkräuter (*Dactylorhiza* spp.) und noch viele andere mehr geben sich in dieser abwechslungsreichen Blumenschau die Ehre.

Die tieferen (aber trotzdem noch hohen) Lagen des Gebirges geben sich etwas weniger streng. Hier dominieren Wälder aus Orient-Buche *(Fagus orientalis)*, Tannen, Fichten und Kiefern, mit eingestreuten Dörfern und Feldern. Die Blumenwiesen sind hier zwar nicht so spektakulär, aber immer noch von herausragender Schönheit.

Der Große Kaukasus erstreckt sich über mehrere Staaten (wegen der instabilen politischen Lage kann man gar keine genaue Zahl angeben), von Georgien aus ist der Zugang zu den Bergen derzeit am einfachsten möglich. Schöne Stellen im Hochgebirge sind von der Hauptstadt Tbilissi (Tiflis) aus gut zu erreichen, insbesondere die Gebiete um die Ortschaften Stepanzminda (früher Kazbegi) und Gudauri, zu anderen kann man mit etwas mehr Aufwand gelangen.

Unten Gelbsterne vor der im 14. Jahrhundert erbauten Dreifaltigkeitskirche von Gergeti, hoch in den Bergen oberhalb von Stepanzminda.

Gegenüber Huflattich *(Tussilago farfara)* und eine in Georgien endemische Pestwurz-Art *(Petasites georgicus)* an der Schneegrenze im Tal von Gudani.

Zagros-Gebirge

VON IAN GREEN

IN KÜRZE

Ort | Von der am Persischen Golf gelegenen Stadt Bandar Abbas bis in den Nordwesten Irans. Die Gebiete um Schiraz und Isfahan sind gut zu erreichen und daher mit vertretbarem Aufwand für Exkursionen geeignet.

Attraktionen | Sehenswerte und artenreiche Blüte im Frühjahr, insbesondere von Tulpen, Iris und Fritillarien, außergewöhnliche *Dionysia*-Vorkommen.

Reisezeit | Am besten im April, im März kann man in den Süden gehen, der Mai ist gut für höhere Lagen, der Juni für die Blüte an der Schneegrenze.

Schutzstatus | In diesem Teil des Zagros-Gebirges gibt es nur den Bamu-Nationalpark mit Schutzzonen um den Berg Kuh-e Dinar und besondere Standorte wie Dasht-e Laleh, wo Millionen Kaiserkronen unter Schutz stehen.

Gegenüber, oben Unzählige *Tulipa biebersteiniana* bringen Farbe in ein Weizenfeld, im Hintergrund sind die Kuh-e-Kalur-Berge zu sehen.

Gegenüber, unten Die leuchtenden Blüten von *Dionysia bryoides* auf einem Kalkfelsen.

Jedes Jahr im April sind die Täler um Dasht-e Laleh voll mit Kaiserkronen *(Fritillaria imperialis)*. Es ist ein unglaublicher Anblick: Millionen Pflanzen mit ihren riesigen orangefarbenen Blüten bilden einen durchgehenden Teppich von fast 10 km Länge, nur an einigen wenigen Stellen ist der rote Boden zu erkennen. Eingesprengte Trupps der gelblich grünen Persischen Kaiserkrone *(Fritillaria persica)* und Gruppen der blutroten *Tulipa systola* verstärken den Farbeindruck. Kaiserkronen sieht man praktisch überall, wenn man von der Bergregion westlich von Schiraz in Richtung Isfahan fährt.

Schiraz ist der ideale Ausgangspunkt, um die Gegend zu erkunden: Es herrscht eine entspannte Atmosphäre, es gibt viele gute Hotels und zahlreiche kulturelle Sehenswürdigkeiten. Da es sinnvoll ist, das Zagros-Gebirge von Süden nach Norden zu bereisen, bietet sich Isfahan als End- und Höhepunkt einer Tour an. Denn während Mitte April Dionysien, Tulpen und Kaiserkronen bei Schiraz bereits abzublühen beginnen, stehen sie 100 km weiter noch in voller Blüte, und in den hoch gelegenen Gebieten um Chelgerd und Aligudarz kann es noch ziemlich winterlich sein. Es gibt einige unter Schutz stehende Standorte von *Fritillaria imperialis* in der Region, und wenn Sie zwischen der ersten April- und der ersten Maiwoche kommen, finden Sie sie immer irgendwo in voller Blüte.

Die Persische Kaiserkrone mit ihren Farbvarianten von Gelbgrün bis hin zu sehr dunklem Rotbraun oder Violett ist nicht die einzige ungewöhnliche Fritillarie. Zu den schönsten zählt *Fritillaria reuteri* mit ihren weiten, gelb und rotbraun gefärbten Glockenblüten; sie wächst an feuchten Stellen in zwei der *Fritillaria-imperialis*-Schutzgebiete (Dasht-e Laleh bei Chelgerd und Golestan Kuh, nördlich von Daran). Ehe die Kaiserkronen bei Golestan Kuh zur Blüte kommen (was hier ziemlich spät geschieht), sind neben Schneeflächen die kleinen, fast schwarzen Glocken von *Fritillaria zagrica* mit ihren gelben Spitzen zu bewundern, oft begleitet von Zottigem Mannsschild *(Androsace villosa)*, dessen weiße Blüten ein rotes oder gelbes «Auge» ziert. Die allgegenwärtigen roten Tulpen in dieser Region gehören zur Art *Tulipa systola*, dazwischen breiten sich immer wieder weiße *Tulipa biflora* aus, und weiter im Norden stößt man auf die gelbe Form der *T. montana*. Traubenhyazinthen *(Muscari* spp.) kommen in großer Zahl und verschiedenen Arten vor, auf offenen Steppen bieten die Steppenkerzen *(Eremurus* spp.) einen prächtigen Anblick, und die herrliche *Iris lycotis* mit ihren fast schwarzen Blüten hinterlässt einen unvergesslichen Eindruck. Die gelbe Form von *Anemone biflora* (eine Windröschen-Art) ist ausgesprochen häufig, dafür hat ihre seltenere blutrote Schwester doppelt so große Blüten.

Semirom ist die höchstgelegene Stadt Irans, sie liegt auf 2800 m, doch zu beiden Seiten steigen die Berge noch weiter empor, insbesondere das hohe Kalksteinmassiv des Kuh-e Pashmaku mit seinen eigenartig erodierten Tälern, in denen im Winter hoher Schnee liegt. Hier hat man die besten Chancen, die Charakterpflanzen der Zagros-Berge zu sehen, die Dionysien, die zu den Primelgewächsen gehören. Etwa 25 *Dionysia*-Arten wurden zwischen Schiraz und Isfahan entdeckt, manche davon erst vor wenigen Jahren (die Region ist noch nicht sehr gut botanisch erforscht). Viele Dionysien blühen gelb, doch Semirom kann mit drei rosalila Arten aufwarten. Dionysien sind Bewohner der Felswände, trotzdem gibt es viele Stellen, an denen man leicht an sie herankommt, häufig wachsen sie zum Beispiel am Straßenrand oder auf Felsblöcken. Die rosalila *Dionysia mozaffarianii* ist nur auf dem Berg zu finden, der die Straße nach Isfahan (nördlich von Semirom) überragt, während die rosa *D. iranshahrii* mit ihren unglaublich kompakten grauen Kissen auf dem westlich benachbarten Berg wächst. Die ausnehmend schöne und sehr variable *Dionysia bryoides* dagegen fühlt sich in der Felssteppe ebenso wohl wie an Steilwänden. Die Blütenfarbe variiert von fast weiß bis violett. Zu den echten Raritäten zählen die dottergelbe *Dionysia michauxii*, die nur hinter der Universität von Schiraz wächst, sowie drei Arten, die allesamt an einem einzigen Steilfelsen 2 km über der Passstraße von Aligudarz nach Shulehabad vorkommen. *Dionysia lurorum* und die erst kürzlich beschriebene *D. cristagalli* haben gelbe Blüten, während *D. zschummelii* in kräftigem Violett erstrahlt. Fast wirkt es, als hätte jemand mit einem Pinsel gelbe und violette Farbkleckse auf die Felswand gesetzt. Kurz: Diese kaum bekannte Gegend ist einfach fantastisch.

Tienschan-Gebirge

VON IAN GREEN

IN KÜRZE

Ort | Erstreckt sich im Süden Kasachstans von der Grenze zu Usbekistan durch Kirgisistan bis an die Westgrenze Chinas; der am ehesten zugängliche Bereich liegt zwischen Almaty (früher Alma Ata) und dem Naturreservat Aksu-Dzhabagly in Kasachstan.

Attraktionen | Im Frühjahr herrliche Tulpenblüte mit verschiedenen Arten, Farben und Formen, im Sommer viele andere schöne und häufig endemische Arten, beeindruckende Tierwelt (Vögel und Säugetiere), insbesondere im Naturreservat Aksu-Dzhabagly.

Reisezeit | Das Naturreservat Aksu-Dzhabagly ist botanisch am interessantesten von Anfang April bis Anfang Juli, die Karatau-Region dagegen von Ende März bis Ende Juni.

Schutzstatus | Ein großer Teil dieser unberührten Bergwelt wird durch das Naturreservat Aksu-Dzhabagly geschützt; die Region südlich von Almaty steht ebenfalls unter Schutz, westlich davon liegt der Ili-Alatau-Nationalpark mit dem «Großen Almaty See» (russisch Bolschoje Almatinskoje Osero).

Gegenüber Bergwiese mit Steppenkerzen *(Eremurus regelii)*.

Dieses Gebirge ist die Heimat der Tulpe *(Tulipa* spp.) und vermutlich auch der Ausgangspunkt für die Evolution dieser bezaubernden Gattung. Etwa 25 Tulpenarten in verschiedenen Farben schmücken die steilen Berghänge und die umgebenden Steppen und Halbwüsten, die meisten davon blühen im April. Doch sie stellen nur die Spitze eines «botanischen Eisbergs» dar, denn die pflanzliche Artenvielfalt ist außergewöhnlich hoch, und bei einem Besuch zur Mitte des Sommers werden sowohl Ihre Kamera wie auch Ihr Notizbuch im Dauereinsatz sein. Steinbrech-Arten *(Saxifraga* spp.) und die herrliche *Paraquilegia anemonoides* besiedeln die Felswände, während sich oben auf den Bergkämmen die schönsten Alpenpflanzen eingefunden haben. Schneetälchengesellschaften halten sich bis zum Juli, deshalb kann man viele der Frühlingszwiebelblumen dort noch im Juni sehen. Es gibt eine unglaubliche Vielfalt farbenprächtiger Laucharten *(Allium* spp.), außerdem Vertreter der Gattungen *Iris, Astragalus, Eremurus* und *Eremostachys*, wohin das Auge blickt. Viele der Arten hier in der Bergwelt des Tienschan findet man nirgends sonst, und das nahe gelegene Karatau-Gebirge gehört weltweit zu den Gegenden mit der höchsten Endemitenzahl.

Trotz seiner Ausdehnung gibt es im Tienschan-Gebirge nur wenige einigermaßen leicht zugängliche Stellen. Zwei davon sind besonders zu empfehlen: die frühere Hauptstadt Almaty und das Dorf Dzhabagly am Westrand des Gebirgszugs. Letzteres ist mit dem Auto oder von Almaty aus mit dem Nachtzug zu erreichen; dieser Ort hat den Vorteil, dass man nur wenig mehr als eine Autostunde vom wesentlich älteren Karatau-Gebirge entfernt ist. Dort haben im Frühjahr *Tulipa greigii* in allen Farben, *T. kaufmanniana* und die entzückende Sporn-Fritillarie *(Fritillaria stenanthera)* ihren großen Auftritt. Verschiedene Rosen und endemische Obstbäume bilden eine farbenfrohe Kulisse für die gelbe *Corydalis sewerzowii* und die seltene *C. schanginii* subsp. *ainii*, zwei Lerchensporn-Arten. Hier präsentiert sich der Blauzungen-Lauch *(Allium karataviense)* in seiner Wildform, zusammen mit anderen Zwiebelgewächsen und noch mehr Tulpen.

Wenn die Höhen über Dzhabagly noch schneebedeckt sind, erscheinen an Stellen, an denen die Schneedecke dünn wird, die weißen Blütensterne von *Crocus alatavicus* und die herrliche kleine *Iris kolpakowskiana*. *Tulipa tarda* und *Tulipa bifloriformis* blühen zusammen mit der eigentümlichen *Fritillaria sewerzowii*. Etwas später geben sich das gelbe *Colchicum luteum* und das große weißblütige *Eremurus olgae* die Ehre. *Iris tianschanica* und die beiden Steppenkerzen *Eremurus lactiflorus* und *E. regelii* schließlich läuten den Sommer ein. Die Bergwiesen sind nun saftig grün, und auch Wildschweine *(Sus scrofa)*, Riesenwildschafe *(Ovis ammon)* und Braunbären *(Ursus arctos)* genießen die abwechslungsreiche Pflanzenkost. Die blassblaue Tigerglocke *(Codonopsis clematidea)* verblüfft mit einem orangeschwarzen Muster im Inneren ihrer Glockenblüten, und um sie herum wachsen zahlreiche Läusekräuter *(Pedicularis* spp.), Heckenkirschen- *(Lonicera* spp.) und Tragantenarten *(Astragalus* spp.). In Schneenähe finden wir *Iris subdecolorata* und *Iris orchioides* (zwei Arten aus der Juno-Iris-Gruppe), auf den hohen Bergrücken gedeihen Mannsschild- *(Androsace* spp.) und *Macrotomia*-Arten sowie diverse Glockenblumen *(Campanula)*-Verwandte, und die bezaubernde *Paraquilegia anemonoides* ziert die Felswände.

TIENSCHAN-GEBIRGE

Von Almaty aus kann man Tagesausflüge an den Kapchagai-Stausee oder zum Qordai-Pass machen, wo Tulpen in einer überwältigenden Farbenvielfalt auftreten. Auch die Ketmen-Berge bieten im Frühling eine grandiose Tulpenschau. In Chimbulak, einem Skigebiet oberhalb von Medeo, erblühen die schönsten Pflanzen im Juni. Eine Unterkunft können Sie (auf fast 3000 m) am alten Observatorium etwas westlich des Großen Almaty Sees finden. Mit einem robusten Fahrzeug kann man den holprigen Weg bis zur Kosmosstation auf 3500 m Höhe zurücklegen. Die oberhalb gelegenen Felswände beherbergen viele wunderbare Steinbrech-Arten (*Saxifraga* spp.) und andere Hochgebirgspflanzen.

Gegenüber Die herrliche *Paraquilegia anemonoides* wächst hoch oben in den Tienschan-Bergen.

Unten Eine Wiese voller Trollblumen *(Trollius altaicus)*.

Tibetisches Grasland

VON CHRIS GREY-WILSON

IN KÜRZE

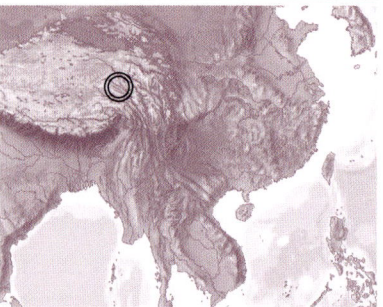

Ort | Etwa 80 km nordwestlich der Stadt Songpan, westlich der UNESCO-Weltnaturerbestätte Jiuzhaigou an der Grenze zwischen den chinesischen Provinzen Sichuan und Gansu.

Attraktionen | Riesiges, geschichtsträchtiges Gebiet mit atemberaubenden Panoramen und einer äußerst vielfältigen und farbenprächtigen Flora.

Reisezeit | Juni und Juli, aber auch September und Oktober.

Schutzstatus | Im Augenblick keiner, dennoch ist das Pflanzensammeln in China verboten. Besucher können sich zwar inzwischen in vielen Teilen Sichuans frei bewegen und fotografieren, aber sie sollten sich unbedingt an die örtlichen Vorschriften halten.

Rechts Blumenwiese mit einigen prächtigen Vertretern der Gattung *Primula* am Napa-See (Napa Hai) im Hochland von Tibet.

Wo die Weite der tibetischen Hochebene auf die im Westen der beiden benachbarten Provinzen Sichuan und Qinghai gelegenen Berge trifft, stoßen wir auf eine faszinierende und touristisch wenig erschlossene Landschaft. Fährt man von der Kreisstadt Songpan nach Nordwesten in Richtung Aba, kommt man über eine Reihe hoher Pässe, von denen jeder über 4000 m liegt. Der Sommermonsun spielt hier kaum eine Rolle, dafür fällt im Winter deutlich mehr Niederschlag, oft in Form von Schnee.

Die außergewöhnliche Flora spiegelt diese Wetterverhältnisse wieder: Neben Wald, der nur in Senken und auf der Wetterseite zugewandten Hängen vorkommt, finden wir extensiv genutztes Grasland, auf dem Yaks weiden, und ausgedehnte sumpfige Bereiche. Zwar gibt es hie und da ein Dorf oder eine Kleinstadt, doch zum überwiegenden Teil wird diese Region im Sommer von nomadisch lebenden Tibetern bewohnt; ihre kleinen Lager sind typisch für die Gegend. Außerdem befinden sich hier fünf berühmte tibetische Klöster, unter anderem dasjenige von Aba und dasjenige von Huangnan.

Die Grasländer – Hochlandsteppen, die zum größten Teil noch nie mit Herbiziden in Berührung gekommen sind – erstrecken sich viele Hundert Kilometer weit nach Westen, bis die Höhenlage und der fehlende Niederschlag sie in Felssteppe und Halbwüste übergehen lassen. Wegen des geringen Niederschlags in diesem Teil von Nordwest-Sichuan sucht man die artenreichen Wälder und Strauchgesellschaften, die für Süd-Sichuan und Yunnan typisch sind, vergebens: Rhododendren zum Beispiel kommen weder in der Fülle noch in vergleichbarer Artenzahl vor. Stattdessen wachsen in den Tälern – vor allem denen, die vom tibetischen Hochplateau herunterführen – die etwas trockenheitstoleranteren Birken und Nadelhölzer. An trockeneren Hängen wachsen weißblütige Spiersträucher (*Spiraea* spp.), rosa und gelb blühende Heckenkirschen (*Lonicera* spp.) und strauchige Finger-

Oben An offenen, sumpfigen Stellen beherrscht die stattliche Asteracee *Cremanthodium brunneopilosum* das Bild.

kraut-Arten (*Potentilla* spp.) mit Blüten in Weiß, Creme und Gelb. Veitchs Pfingstrose (*Paeonia veitchii*) ist weit verbreitet, die weiß und rosa blühenden Horste werden von den Tieren nicht abgeweidet. Im Frühsommer entfalten die Wiesen ihre ganze Farbenpracht: Weiße *Stellera chamaejasme*, deren kurze Stängel die Tibeter zur Papierherstellung nutzen, gelb, weiß und pink blühende Läusekräuter (*Pedicularis* spp., von denen es allein in Westchina über 150 Arten gibt) in unendlicher Zahl, mehrere dottergelbe Hahnenfuß-Arten (*Ranunculus* spp.), hellblaue *Aster farreri* und purpurblütiger Süßklee (*Hedysarum* spp.) tummeln sich zwischen den Gräsern. An sumpfigen Stellen stehen Seggen (*Carex* spp.), Binsen (*Juncus* spp.) und diverse Süßgräser (Poaceae), dazwischen lassen stattliche Exemplare des Korbblütlers *Cremanthodium brunneopilosum* ihre Blütenköpfe wie Standarten im Wind flattern. Im Herbst bilden die blauen Trompetenblüten niedriger Enzianarten, vor allem die des Wellensittich-Enzians (*Gentiana farreri*), regelrechte Teppiche.

Um dieses riesige Gebiet zu bereisen, sollte man viel Zeit mitbringen, denn die Entfernungen sind gewaltig und oft kommt es aufgrund von Verspätungen oder Straßenbauarbeiten zu Verzögerungen. Aber die Grasländer dieser Hochebene gehören zu den schönsten der Welt. Im Norden geht die Region in die Provinz Qinghai über, die dem Nordosten Tibets kulturell sehr nahe steht. Wo die Straße nach Jigzhi die Grenze zwischen den beiden Provinzen quert, ziehen verschiedene *Meconopsis*-Arten den Blick auf sich: der großblütige Gelbhaarige Scheinmohn (*Meconopsis integrifolia*), die aufrechten azurblauen Blütenähren von *Meconopsis racemosa*, die nickenden hellblauen Blüten des Teppich-Scheinmohns (*Meconopsis quintuplinervia*) und die umwerfenden, wie Seidenpapier flatternden, blutroten Blüten des Roten Scheinmohns (*Meconopsis punicea*).

Zhongdian-Plateau

VON CHRIS GREY-WILSON

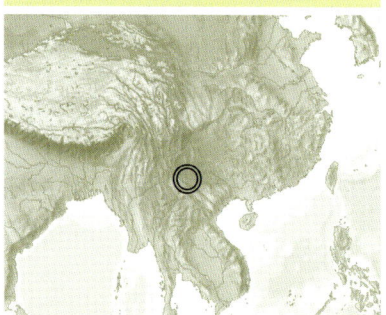

IN KÜRZE

Ort | Im Nordwesten von Yunnan, kann leicht von Zhongdian aus (das in Shangri-La umbenannt wurde) erreicht werden.

Attraktionen | Schönes Hochplateau mit einer artenreichen, farbenprächtigen Flora und vielen verschiedenen interessanten Lebensräumen.

Reisezeit | Ende Mai (besonders für die Rhododendren) bis Mitte Juli, aber auch September und Oktober.

Schutzstatus | Weite Teile der nördlichen Hochebene stehen unter Schutz; seit 2003 gehört das Drei-Parallelflüsse-Naturschutzgebiet in Yunnan zum UNESCO-Weltnaturerbe.

Obwohl in der Region um Zhongdian eine gewisse Erschließung stattgefunden hat, sieht die Hochebene größtenteils noch immer aus wie vor vielen Jahren. Manche Seitentäler und einige der umliegenden Berge sind noch lange nicht vollständig erforscht. Floristisch handelt es sich um einen außerordentlich vielfältigen Landstrich: Wahrscheinlich besitzt Westchina – mit den tiefen, steilen Schluchten der drei Flüsse Saluen, Mekong und Jangtsekiang, mit der Nachbarprovinz Sichuan im Norden sowie dem südlichen und südöstlichen Teil des Autonomen Gebiets Tibet (Xizang) – eine der artenreichsten Floren der gemäßigten Zone überhaupt. Gärtner und Pflanzenliebhaber kennen viele der hier heimischen Pflanzen (unter anderem zahllose Vertreter der Gattungen *Clematis*, *Gentiana*, *Lilium*, *Primula*, *Rhododendron* und *Rosa*), was darauf zurückzuführen ist, dass diese Gegend ein beliebtes Reiseziel der ersten Pflanzenjäger war. Die riesige, von hohen Bergen umschlossene Hochebene liegt im Durchschnitt etwa 3800 m hoch und erstreckt sich an die 120 km in Nord- und Südrichtung.

Der erste Eindruck des Hochplateaus ist der einer ländlichen Idylle: Auf den weiten Wiesen grasen Yaks, Pferde, Rinder und andere Pflanzenfresser, dazwischen liegen immer wieder kleine tibetische Siedlungen. Hie und da erhebt sich ein Hügel aus der Ebene, während die hohen Berge im Hintergrund mit artenreichen Laub- und Nadelwäldern bestanden sind. Diese Region ist im Winter und im Frühjahr relativ trocken, wird aber im Sommer vom Monsun erreicht: Von Juni bis September sind die Niederschläge manchmal heftig, obwohl dazwischen auch längere Schönwetterperioden auftreten, vor allem von Juni bis Mitte Juli. Auf den extensiv genutzten Flächen der Hochebene erscheinen im Mai riesige Bestände gelber und purpurner *Primula*-Arten, stellenweise flirrt es nur so von Farbe. Die trockeneren Wiesen beherbergen weideresistente Pflanzen in großer Zahl: Die dunkelrotbraune *Thermopsis barbata* bildet einen schönen Kontrast zu der blauen *Iris bulleyana*, der rosaroten *Incarvillea zhongdianensis* (eine Freilandgloxinie), einer gelbgrünen Wolfsmilch (*Euphorbia nematocypha*) und den gelben Kugelköpfchen von *Stellera chamaejasme*, die zusammen einen farbenfrohen Blütenteppich bilden.

Am Napa-See (Napa Hai), am Nordende des Plateaus, führt die Straße durch üppig mit weiß, gelb und pink blühenden Rhododendren bestandene Hügel nach oben. Die Lichtungen scheinen mit Teppichen aus blauen und rosafarbenen Anemonen ausgelegt, und an feuchteren Stellen gesellen sich die pinkfarbene *Androsace spinulifera* (eine Mannsschild-Art), die gelbe *Trollius wardii* und die blaue *Aster souliei* zu den verschiedenen *Primula*-Arten. Die Wildapfel-Bäume sind im Mai so dicht mit weißen Blüten besetzt, als habe es gerade einen Schneesturm gegeben. Unter Bäumen und Sträuchern wachsen verschiedene Frauenschuh-Arten (*Cypripedium* spp.) in großer Zahl, und die päonienähnlichen, weißen oder rosafarbenen Blüten des Himalaja-Maiapfels (*Podophyllum hexandrum*) erheben sich über seinem jungen, braun-grün gefleckten Laub.

Eine ganz andere Pflanzengesellschaft findet sich im Geröll am Straßenrand ein, vor allem an stark besonnten Hängen. Der stattliche Stachlige Scheinmohn (*Meconopsis prattii*), der bis einen Meter hoch wird, sticht mit seinen blauen oder violetten Blüten besonders ins Auge, dasselbe gilt für die feuerroten Blütenköpfe von *Androsace bulleyana* (eine Mannsschild-Art). Man kann hier wunderbare Wanderungen unternehmen. Oberhalb des Napa-Sees liegt das Kloster Songzanlin (Ganden Sumtseling oder Songzanlin Si), eine Sehenswürdigkeit ersten Ranges; von der Kulturrevolution stark in Mitleidenschaft gezogen, wurde es in den letzten Jahren nach und nach restauriert.

Auch ein Besuch im Herbst lohnt sich: Mitte September, wenn die Monsunregen nachgelassen haben, finden sich verschiedene Enzianarten in unterschiedlichsten Blau- und Violetttönen ein, insbesondere der legendäre Chinesische Herbst-Enzian *(Gentiana sino-ornata)*. Zusammen mit mehreren Eisenhut- (*Aconitum* spp.) und Rittersporn-Arten (*Delphinium* spp.) sowie einer unüberschaubaren Zahl von Springkräutern (*Impatiens* spp.) in Pink, Purpur, Gelb und Weiß verwandeln sie die Wiesen in ein Blütenmeer.

Gegenüber Die Blüten von *Pedicularis cranolopha* sind eigenartig, aber unverwechselbar.

Unten Eine Bergwiese, geschmückt mit den entzückenden hängenden Blütenständen von *Primula secundiflora*.

Kwongan-Heide, Westaustralien

IN KÜRZE

Ort | Nördlich von Perth in einem Gebiet, das sich der Küste entlang etwa von Cervantes bis Kalbarri erstreckt und bis Mullewa und Perenjori im Landesinneren reicht.

Attraktionen | In feuchten Jahren grandiose Einjährigen-Flora und jedes Jahr (außer bei Dürre) lang anhaltende Blüte von schönen und außergewöhnlichen Mehrjährigen.

Reisezeit | Hauptblütezeit normalerweise im August und September, kann aber je nach Jahr und geografischer Breite schwanken.

Schutzstatus | Kein zusammenhängendes Schutzgebiet, sondern lediglich eine Reihe von Nationalparks und Reservaten; große Landflächen wurden für die Landwirtschaft urbar gemacht.

Gegenüber Eine Kwongan-Heide im Frühling, mit pinkfarbener Myrtenheide, blauer *Keraudrenia hermanniifolia* und gelbem *Glischrocaryon flavescens*.

Wenn man von Perth aus nach Norden fährt, breiten sich schon bald die weiten Ebenen des Bundesstaats Western Australia vor dem Auge des Besuchers aus. Einst war dies alles Heide-, Busch- und Waldland, aber ein ehrgeiziges Programm zur Gewinnung landwirtschaftlicher Flächen, das im 19. und 20. Jahrhundert umgesetzt wurde, hat die natürliche Vegetation zurückgedrängt und fragmentiert. Glücklicherweise wurden viele Nationalparks und Naturschutzgebiete eingerichtet, und breite Streifen neben den Straßen blieben Brachland. Diese Orte sind heute Oasen einer oft spektakulären Flora.

Die Flora Westaustraliens ist an sich schon ziemlich außergewöhnlich, mit 12 000 Arten, von denen mindestens drei Viertel Endemiten sind. Im Gebiet, das wir hier betrachten, wachsen einige Tausend einheimische Arten. Ein Besucher wird die wenigsten davon kennen, denn manche Pflanzenfamilien kommen ausschließlich in Westaustralien vor. Außerdem ergibt sich aus dem mediterranen bis halbwüstenhaften Klima ein nur relativ kleines Zeitfenster für die Blüte, mit der Folge, dass im Frühjahr wahre Blütenfeuerwerke stattfinden. Auf offeneren, trockenen Stellen oder auf gerodeten Flächen kann sich das Land nach einem feuchten Winter in ein Meer von Einjährigen oder kurzlebigen Stauden verwandeln. In Bereichen mit wenig Bodenbearbeitung, wie etwa den Nationalparks, herrschen niedrige Sträucher und kleine Bäume vor; sie zeigen eine überreiche, farbenfrohe Blüte, die etwas länger anhält.

In einer typischen Kwongan-Heide, wie im Alexander-Morrison- und im Kalbarri-Nationalpark oder im Naturschutzgebiet Coomaloo (Ka-mal-o) bei Jurien Bay, ist die Frühjahrsblüte der Sträucher ein großartiges Erlebnis. Am stärksten vertreten sind die Familien der Protaceae (Silberbaumgewächse) und der Myrtaceae (Myrtengewächse, mit der bekannten Gattung *Eucalyptus*). Typische Myrtengewächse sind die kleinen *Eremaea*- und *Melaleuca*-Sträucher mit ihren zahllosen gelben, rosa- oder orangefarbenen, an Nadelkissen erinnernden Blütenköpfen; die Lücken dazwischen werden von gelb oder rosa blühenden, niedrigeren *Verticordia*-Arten gefüllt. Meine absoluten Favoriten unter den Myrtengewächsen sind die Vertreter der Gattung *Calytrix*, auch sie bilden kleine Sträucher und sind über und über mit sternförmigen Blüten in Pink, Rot, Gelb, Violett oder Kombinationen dieser Farben bedeckt. Zu den Protaceae zählen die zahlreichen *Banksia*-Arten, deren charakteristische kolbenartige Blütenstände aus gelben, roten oder orangenen Blütchen bestehen, viele *Grevillea*-Arten (Silbereichen) in allen Farben sowie die sehr ähnlichen Vertreter der Gattungen *Hakea* (Nadelkissen) und *Isopogon* (Paukenschlegel) mit ihren beeindruckenden roten, gelben oder pinkfarbenen Blütenköpfen. Die Gattung *Dryandra* wird heute allgemein der Gattung *Banksia* zugeordnet, obwohl ihr Gesamthabitus ganz anders ist, ihre Blütenstände sind kleiner und von mehr Hochblättern umgeben. Unter den Sträuchern tummeln sich mehrere Arten von rotem oder orangem Sonnentau (*Drosera* spp.), gelbblütige *Conostylis*- und *Hibbertia*- sowie blaue *Dampiera*- und *Scaevola*-Arten.

In stärker gestörten Bereichen – an Straßenrändern und in Städten –, aber auch in Gegenden mit geringem Niederschlag und weniger dichter Pflanzendecke bieten einjährige Frühjahrsblüher nach Regenfällen ein fantastisches Bild. Explosionsartig erscheinen gelbe, weiße und rosa *Schoenia*- und *Rhodanthe*-Arten, purpurne

Calandrinia polyandra, goldgelbe *Waitzia nitida*, Silberne Strohblumen *(Cephalipterum drummondii)*, zartrosa *Velleia rosea* und andere mehr und bilden für kurze Zeit riesige Teppiche, ehe die sommerliche trockene Hitze einsetzt. Die eigentümliche *Lechenaultia macrantha* dagegen scheint fast nur am Straßenrand vorzukommen, dort bildet sie ihre kreisrunden Kissen, auf deren äußerem Rand ein Kranz leuchtend pinkfarbener Blüten sitzt.

Zur Hauptblütezeit richtet fast jedes Dorf und fast jede Kleinstadt ein Informationszentrum für Wildblumen ein, bei dem man eine Wegbeschreibung zu den schönsten Plätzen erhält. Mullewa, Mingenew, Enneaba, Perenjori, Jurien Bay und andere wetteifern um die Gunst ihrer Gäste, was einen Besuch dort zu einem unkomplizierten und sehr angenehmen Erlebnis macht. Die interessanten Stellen sind weit verstreut und nicht immer gleich, daher sollte man auf den Rat und die aktuellen Empfehlungen der Ortsansässigen hören. Es lohnt sich.

Oben Eine aufregend zweifarbige *Calytrix depressa* nahe Geraldton.

Rechts *Velleia rosea* und andere Frühjahrsblüher bilden einen zarten Blütenteppich im Buschland um Paynes Find.

Gegenüber Ein dickes *Borya-constricta*-Kissen inmitten von unzähligen *Velleia rosea* (bei Yalgoo).

KWONGAN-HEIDE, WESTAUSTRALIEN

Stirling Range, Westaustralien

IN KÜRZE

Ort | Etwa 80 km nördlich von Albany im Südwesten Australiens.

Attraktionen | Äußerst vielfältige Flora mit vielen endemischen Arten in einer weitläufigen, ursprünglichen Bergregion. Über 1500 einheimische Arten, darunter 125 Orchideen.

Reisezeit | In den tieferen Lagen findet die Hauptblüte von Ende August bis Ende September statt, in den höchsten Lagen blüht es vor allem im November und Dezember.

Schutzstatus | Der 1159 km² große Stirling-Range-Nationalpark ist gut geschützt.

Gegenüber, oben links Die exzentrischen Blüten der Orchidee *Diuris corymbosa*.

Gegenüber, oben rechts *Melaleuca suberosa* und andere blühende Gewächse in einer Heide in der Stirling Range.

Gegenüber, unten Eukalyptuswald mit einem farbenprächtigen Unterwuchs aus orangefarbenem *Gastrolobium*, weißer *Sphenotoma squarrosa* und anderen Frühjahrsblühern.

Im flachen Südwesten Australiens ragen die hohen Gipfel der Stirling Range, von allen Seiten sichtbar, wie Leuchtfeuer aus der Landschaft. Auch ökologisch gesehen sind sie herausragend: Auf Satellitenfotos erkennt man, dass alles umgebende Land gerodet und urbar gemacht worden ist; der Nationalpark stellt eine Insel der Schönheit und Artenvielfalt inmitten eines Meeres von Monokulturen dar. Südwestaustralien ist eine der fünf Weltregionen mit Mittelmeerklima, das heißt, milde, feuchte Winter stehen heißen, trockenen Sommern gegenüber. Dieses Grundschema trifft auch auf die Stirling Range zu, nur dass sie etwas mehr Wolken und Regen abfängt als ihre Umgebung und die höheren Lagen kühler sind. So richtig hoch sind die Gipfel nicht, wenn man es genau nimmt, die meisten bleiben unter 1000 m.

Botanisch ist es eine ganz besondere Gegend, mit über 1500 einheimischen Pflanzenarten, von denen etwa 85 endemisch sind. Zu den Spezialitäten zählen ein Paukenschlegel mit pinkfarbenen Blütenköpfen *(Isopogon latifolius)*, die stachelköpfige *Andersonia echinocephala*, die feuerrote *Beaufortia heterophylla*, die cremeweiße *Kunzea montana*, 125 Orchideenarten (darunter die fantastische *Thelymitra variegata*) und zehn wunderschöne Vertreter der Gattung *Darwinia*. Diese Gattung kommt nur in Westaustralien vor, und einige Arten sogar nur auf einem oder zwei Bergen im Nationalpark. Übrigens wurde sie nicht nach Charles Darwin benannt, sondern nach seinem Großvater Erasmus, der ein berühmter Arzt und Wissenschaftler war.

Der Frühling stellt sich hier später ein als in der wärmeren Kwongan-Heide (s. S. 154 f.). Die schönsten Blütenlandschaften kann man in den tieferen Lagen ab Anfang September erleben; dank des kühleren, feuchteren Klimas halten sie sich auch etwas länger. Im Unterwuchs der lichten Eukalyptuswälder wogt zeitweise ein Meer aus orangem *Gastrolobium*, weißer *Sphenotoma squarrosa*, gelbem Mosesdorn *(Acacia pulchella)*, orangeroter *Chorizema aciculare* (eine Flammenerbse), mehreren *Hakea*-Arten und vielen Orchideen. In den offenen, flacheren Bereichen findet man weite Flächen mit niedriger Heidevegetation, wo kleinwüchsige Banksien, *Hakea prostrata*, *Hakea cucullata*, *Lambertia uniflora*, die merkwürdige *Melaleuca suberosa* mit ihren wie Flaum auf den Ästen sitzenden pinkfarbenen Blüten sowie zahlreiche Orchideen und Zwiebelgewächse ihren großen Auftritt haben. Weiter oben, beispielsweise an den Hängen des Mount Trio, gelangt man in überraschend blumenreiche Buschwälder. Dort wachsen verschiedene rot oder pink blühende *Darwinia*-Arten zusammen mit dem hübschen pinkfarbenen Paukenschlegel *Isopogon latifolius*, *Eucalyptus preissiana* mit seinen zitronengelben Blüten, *Andersonia echinocephala* und anderen Arten.

Die Habitate sind gut mit dem Auto zu erreichen, doch es lohnt sich, einen kleinen Umweg in Kauf zu nehmen, indem man den Stirling Range Drive von der Red Gum Pass Road zur Chester Pass Road hinunterfährt. Auf guten Fußwegen kommt man in die höheren Lagen am Mount Magog, Mount Hassell, Bluff Knoll und Mount Trio.

STIRLING RANGE, WESTAUSTRALIEN

Gebirge der Südinsel

IN KÜRZE

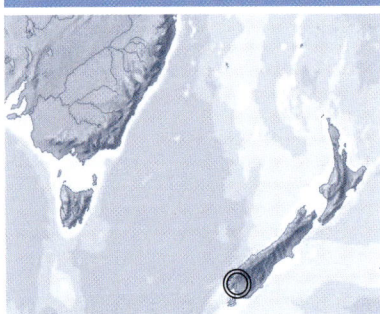

Ort | Südlich von Blenheim und Nelson, in der Umgebung von Alexandra und im Fiordland-Nationalpark.

Attraktionen | Faszinierende Hochgebirgslandschaften mit einer Vegetation, wie man sie sonst nirgends findet: Pflanzen in allen Grau- und Silberschattierungen vor einer atemberaubenden Kulisse.

Reisezeit | Am besten von Dezember bis Ende Januar oder Anfang Februar.

Schutzstatus | Mit Ausnahme der Gebiete im Mount-Cook- und im Fiordland-Nationalpark ohne Schutzstatus.

Nun kommen wir zu etwas ganz anderem. Neuseeland ist nicht gerade berühmt für spektakuläre Blütenlandschaften, doch in einigen Gebirgsregionen der Südinsel gibt es eine so außergewöhnliche, faszinierende Vegetation, dass man sie hier mitberücksichtigen muss. Es handelt sich um Habitate im Hochgebirge, und jedes für sich genommen ist etwas Besonderes.

Die Black Birch Mountains liegen am weitesten im Norden und erheben sich bis auf 1700 m über dem Awatere-Tal südlich von Blenheim. Diese kalten, kahlen, schroffen Berge weisen alle Merkmale einer Tundra auf und besitzen eine vielfältige Flora mit kleinen alpinen Gewächsen. Das Besondere in dieser Region ist eine wirklich bemerkenswerte Gruppe von Pflanzen, die auf Englisch als *vegetable sheep* und auf Deutsch als «Schafsteppich» bezeichnet werden und hier ihr Hauptverbreitungsgebiet haben. Alle gehören der Familie der Korbblütler (Asteraceae) – im Speziellen den Gattungen *Haastia* und *Raoulia* – an und sind hervorragend an das harte Hochgebirgsklima angepasst. Sie wachsen zu sehr dichten, großen Kissen heran, die bei einem Durchmesser von bis zu acht Metern einen Meter hoch werden können, meist sind sie jedoch etwas kleiner. Dort, wo sie in großer Zahl vorkommen, erinnern sie von Weitem an eine ruhende Schafsherde. Die größten Kissen sind sicher mehrere Hundert Jahre alt, denn die Pflanzen wachsen extrem langsam. Die Kombination aus den riesigen Hügeln von *Haastia pulvinaris* und den kleineren Polstern von *Raoulia eximia* mit Unmengen von kleineren silberlaubigen und weißblütigen alpinen Pflanzen wie *Celmisia sessilifolius* und *Raoulia grandiflora* ist ein unglaublich schöner und faszinierender Anblick. Ich kenne keinen anderen Ort mit einer vergleichbaren Vegetation dieses Ausmaßes. Doch es gibt hier auch «normale» alpine Pflanzen, die ein paar Farbtupfer beisteuern: gelbe *Brachyglottis bellidioides*, blaue *Wahlenbergia albomarginata*, Goldenes Speergras (*Aciphylla aurea*) und die eigenartigen Rosetten von *Notothlaspi rosulatum*. Dieser Lebensraum hat seine ganz eigene Schönheit.

Etwas weiter im Süden, im Distrikt Central Otago, geben sich die Berge sogar noch unwirtlicher, mit einer mittleren Jahrestemperatur um den Gefrierpunkt und

Rechts Ein Polster von *Celmisia sessilifolius* auf 1400 m Höhe in der Black Birch Range.

Nebel an 60 Prozent der Tage. Botanisch am interessantesten sind zweifellos die Berge der Old Man Range südwestlich von Alexandra. Es handelt sich um von der Erosion gerundete Kämme aus kristallinem Schiefer, auf denen beeindruckende Felstürme stehen. Sie werden bedeckt von einem Teppich aus grau- und grünlaubigen Alpenpflanzen und Flechten; ab einer Höhe von 1400 m besteht die – bis auf wenige Stellen, an denen Boden oder Fels durchscheint – durchgehende Pflanzendecke nur noch aus Zwergformen. Vor dem Auge des Betrachters breitet sich ein wunderbares Mosaik von Kissen und Polstern diverser *Haastia*- und *Raoulia*-Arten, Neuseeland-Edelweiß *(Leucogenes grandiceps), Phyllachne colensoi, Ph. rubra, Donatia novae-zelandiae, Psychrophila obtusa* und einem Dutzend Flechten aus, das nur gelegentlich von einem Schneefeld oder einem Felsturm unterbrochen wird.

Diese beiden Bergregionen haben mit Abstand die ungewöhnlichsten Pflanzengesellschaften zu bieten, aber es gibt noch viele andere interessante Plätze, zum Beispiel Täler in den Neuseeländischen Alpen, in denen *Ranunculus lyalii* (ein Hahnenfuß) in Massen auftritt, oder die stark vergletscherten Täler im Fiordland-Nationalpark, unter anderem das Gertrude Valley, in ihrer atemberaubend schönen Wildheit.

Ganz oben «Schafsteppich» hoch oben in der Black Birch Range auf der Südinsel Neuseelands.

Oben *Ranunculus lyalii* und *Celmisia semicordata* im Gertrude Valley im Fiordland-Nationalpark.

Nationalpark Waterton Lakes

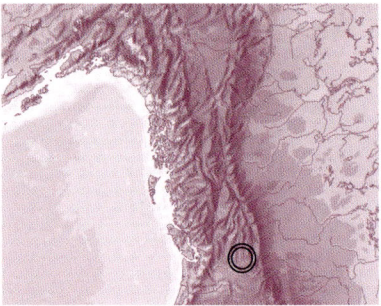

IN KÜRZE

Ort | Südlichster Teil der kanadischen Rocky Mountains, grenzt unmittelbar an die USA und den Glacier-Nationalpark.

Attraktionen | Herrliche montane Präriegebiete und grandiose Gebirgslandschaft mit artenreicher Flora.

Reisezeit | Die Präriegebiete sind von Mitte Juni bis Ende Juli am besten, die höheren Gebiete von Ende Juli bis Ende August.

Schutzstatus | Nationalpark; weitere Flächen außerhalb der Nationalparkgrenzen werden im Einvernehmen mit Anrainern betreut; Weltnaturerbe.

Gegenüber Verschwenderische Blütenpracht in einer montanen Prärie am Rand des Nationalparks, im Bild rosaviolette *Oxytropis splendens* und Prärie-Kokardenblume.

Die kanadischen Rocky Mountains mit ihrer fast unvorstellbar wilden und spektakulären Schönheit sind auch die Heimat vieler Blumen, vor allem die Gebiete über der Baumgrenze sind sehr blütenreich. Viele der bekannten Blumenparadiese sind aber zu weit verstreut und artenarm, um hier vorgestellt zu werden. Zu den Ausnahmen gehört der Nationalpark Waterton Lakes, und zwar aus zwei Gründen: Erstens ist seine Flora mit etwa tausend Arten wesentlich reicher als diejenige der weiter nördlich gelegenen Gebiete; zweitens besteht er nicht nur aus Hochgebirge, sondern ist in mittleren Lagen von artenreichen montanen Präriegebieten umgeben, die sich über die Parkgrenzen hinaus fortsetzen.

Wie in den meisten nordamerikanischen Gebirgsregionen sind die höheren Lagen von dunklen Nadelwäldern bedeckt, die bis zur natürlichen Baumgrenze (bei 2000 m oder auch höher) reichen. Die Wälder weisen hier einen vergleichsweise artenreicheren Unterwuchs auf; Kanadischer Hartriegel (*Cornus canadensis* und *C. unalaschkensis*) bildet weiße Teppiche, Rotfrüchtiges Christophskraut (*Actaea rubra*), Nutka-Himbeere (*Rubus parviflorus*), die cremeweißen Blütenstände des Bärengrases (*Xerophyllum tenax*) und die zarte weiße Einblütige Clintonie (*Clintonia uniflora*) wachsen neben Einblättriger Schaumblüte (*Tiarella unifoliata*), orangegelben *Arnica*-Arten und den kletternden Trieben der Columbia-Waldrebe (*Clematis columbiana*) mit ihren großen, nickenden blauvioletten Blüten. Zu den Besonderheiten dieser Wälder zählen etliche Orchideen: Da gibt es große Gruppen des Berg-Frauenschuhs (*Cypripedium montanum*) mit porzellanweißen Blüten, eine weitere interessante Frauenschuh-Art (*Cypripedium passerinum*) sowie *Corallorhiza striata* (eine Korallenwurz) und etliche mehr.

Auch Lichtungen haben einen besonderen Blütenreichtum; hier wachsen zum Beispiel Walzen-Purpurglöckchen (*Heuchera cylindrica*, mit cremeweißen Blüten), mehrere Bartfaden-Arten (*Penstemon* spp.) – hervorzuheben ist das zauberhafte blaue *Penstemon albertinus* –, ferner blauer und weißer Rittersporn (*Delphinium* spp.), Matten-Steinbrech (*Saxifraga bronchialis*), die auffällige *Balsamorhiza sagittata* (ein Korbblütler mit orangefarbenen Blüten) sowie Abertausende herrlicher Mormonentulpen der Art *Calochortus apiculatus*.

An und oberhalb der Baumgrenze ändert sich die Artenzusammensetzung, hier wachsen niedrige, polsterbildende Arten, die mit zahlreichen Blüten besetzt sind: die rotblütige Krähenbeerblättrige Moosheide (*Phyllodoce empetriformis*), *Phyllodoce glanduliflora* mit gelben Blüten und Weiße Schuppenheide (*Cassiope mertensiana*), zusammen mit Silberwurz (*Dryas octopetala*), Gelber Silberwurz (*D. drummondii*) und dem Stängellosen Leimkraut (*Silene acaulis*), dessen dichte Polster oft so viele rosa Blüten tragen, dass die Blätter völlig verdeckt sind. An feuchteren Stellen entwickeln sich manchmal «weiße Gärten» mit weißen *Anemone*-Arten, der weißblütigen Trollblume *Trollius albiflorus*, der weißen Westamerikanischen Dotterblume (*Caltha leptosepala*) sowie *Claytonia lanceolata* (einem Tellerkraut); dazwischen wachsen Tuffs eines goldgelben Hahnenfußes (*Ranunculus eschscholtzii*).

Auch in den restlichen kanadischen Rockies sind die Lebensräume und Arten ähnlich; allerdings nimmt die Diversität ab, je weiter man nach Norden kommt. Waterton unterscheidet sich aber von den anderen Gebieten durch seine ausgedehnten montanen Prärieflächen. Sie liegen auf etwa 1200–1400 m und sind

NORDAMERIKA | KANADA

besonders im nördlichen und östlichen Teil des Parks verbreitet. (Durch Abmachungen mit lokalen Farmern konnten die Schutzflächen jüngst deutlich über die Nationalparkgrenzen hinaus erweitert werden.) Auf ihrem Höhepunkt wirkt diese Graslandschaft wie ein bunter Blütenteppich aus orangegelber Prärie-Kokardenblume *(Gaillardia aristata)*, großen Gruppen der rosavioletten *Oxytropis splendens* (einer Fahnenwicke), den cremegelben Blütenständen von *Oxytropis monticola*, dazwischen blauen Lupinen *(Lupinus sp.)*, Unmengen von *Geranium viscosissimum* (einer Storchschnabel-Art), Strauch-Fingerkraut *(Dasiphora fruticosa)* mit goldgelben Blüten, der orangeroten Schalen-Lilie *(Lilium philadelphicum)* und einer Fülle weiterer Pflanzen. Große Elchherden *(Alces alces)* ziehen durch die Präriegebiete, und zahlreiche andere Säugetierarten, besondere Vögel und Insekten sind hier heimisch. Im faszinierenden Habitatmosaik des Waterton-Nationalparks sind diese montanen Prärien ein wichtiger und herrlicher Bestandteil.

Waterton Lakes grenzt direkt an den Glacier-Nationalpark und bildet mit diesem eine Einheit, geologisch und ökologisch ist dies der südlichste Ausläufer der kanadischen Rockies. Auch weiter nördlich gibt es viele Gebiete, die wegen ihrer fantastischen Blütenfülle einen Besuch wert sind: Einige besonders schöne sind Sunshine Meadows, der Banff-Nationalpark (durch Shuttlebus erreichbar), Highwood Pass, Peter Lougheed Provincial Park sowie die subalpinen und alpinen Wiesen von Mount Edith Cavell im Jasper-Nationalpark (nur zu Fuß erreichbar).

Gegenüber Berg-Frauenschuh in den Wäldern bei Waterton.

Unten Ein prächtiges Eisgraues Murmeltier *(Marmota caligata)*.

Ganz unten Prärie-Kokardenblume, Lupinen und andere Blumen in den Präriegebieten des Nationalparks Waterton Lakes.

Mount Rainier, Washington

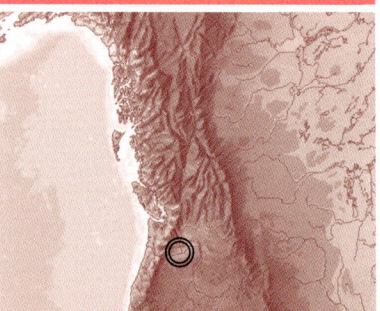

IN KÜRZE

Ort | Südwestteil des US-Bundesstaats Washington, südöstlich von Tacoma.

Attraktionen | Spektakuläre alpine und subalpine Flora in extrem blütenreichen Wiesen, Zwergstrauchheiden und alpinen Rasen; riesige Wälder (teils «Urwälder»); viele Säugetier- und Vogelarten; grandiose Hochgebirgslandschaft.

Reisezeit | Höhepunkte von Anfang Juli bis Mitte August, variiert je nach Schneehöhe; von Juni bis September sehenswert.

Schutzstatus | Die besten Gebiete liegen innerhalb des Mount-Rainier-Nationalparks und sind gut geschützt, dadurch ist der Zutritt an manchen Stellen aber eingeschränkt. Der Nationalpark ist 953 km² groß und besitzt überwiegend «Wilderness»-Status.

Der Mount Rainier gilt als die Krönung der grandiosen Kaskadenkette, denn sein 4392 m hoher, vergletscherter Vulkangipfel beherrscht die gesamte Region. Nicht nur in den USA ist er wegen seiner wunderbaren Bergblumenflora bekannt – falls Sie also nur die Möglichkeit haben, einen einzigen Ort mit nordamerikanischer Bergblumenflora zu besuchen, ist der Mount Rainier am lohnendsten. Die Biodiversität der höheren Pflanzen ist sehr hoch (allein im Nationalpark etwa 900 Arten), doch noch außergewöhnlicher ist die schiere Blütenfülle des Gebiets.

In der Kaskadenkette hängt es oft von der Schneemenge ab, wie üppig das Blütenspektakel ausfällt, und nicht zuletzt deswegen nimmt der Mount Rainier eine Spitzenposition ein. Häufig fallen hier im Lauf eines Winters 21–24 m Schnee, mit über 29 m wurde der Rekord für Nordamerika 1971/1972 in Paradise Meadows (Mt. Rainier) erreicht. Es regnet auch ziemlich viel, obwohl das Wetter im Sommer insgesamt recht gut ist. Da die riesigen Schneemassen im subalpinen Bereich vor allem an den Süd- und Westhängen nur langsam abtauen (in manchen Jahren nicht einmal vollständig), ist die Vegetationsperiode für die subalpinen und alpinen Pflanzen sehr kurz; dies wirkt sich auch auf die dortige Tierwelt aus. Warmes Sommerwetter, eine gute Wasserversorgung durch die Schneeschmelze und gelegentliche Regenschauer sind eine Garantie für eine spektakuläre Blütenschau, da die Pflanzen in der kurzen schneefreien Zeitspanne möglichst schnell blühen und fruchten. Vom Datum her kann sich der Blütenhöhepunkt jedoch verschieben, daher sollte man vor der Reise am besten Kontakt mit der Nationalparkverwaltung aufnehmen. Und da die Gegend in der Hauptsaison überlaufen ist, sollte man möglichst früh am Tag aufbrechen.

Die beiden Gebiete um Paradise Meadows und Sunrise sind am besten zu erreichen und durch sehr gute Straßen und Besucherzentren erschlossen. «Paradise» ist am bekanntesten, es liegt auf der Südseite des Mount Rainier über dem Endpunkt der Straße bei 1650 m. Von hier aus gelangt man über ein gutes Wegenetz zu den Wiesen, den Wäldern der Krummholzstufe, den Zwergstrauchheiden, alpinen Rasen und Gletschergebieten auf dieser Bergseite. Hier ist die Schneemenge am höchsten und die Flora am üppigsten. Im Hochsommer werden die subalpinen Wiesen zum leuchtenden Farbenmeer, vorherrschend sind *Castilleja parviflora* (ein magentaroter Indianerpinsel), Großblütiger Hundszahn (*Erythronium grandiflorum*), ferner *Erythronium montanum*, mehrere Lupinenarten (*Lupinus* spp.), *Arnica latifolia*, *Aster*-Arten und Hohe Götterblume (*Dodecatheon jeffreyi*), dazu Weiße Schuppenheide (*Cassiope mertensiana*) und Krähenbeerblättrige Moosheide (*Phyllodoce empetriformis*). Eisgraue Murmeltiere (*Marmota caligata*) lassen sich auf diesen Bergwiesen hervorragend bei Spiel und Nahrungssuche beobachten – oft sogar aus nächster Nähe –, ebenso das zutrauliche Goldmantel-Ziesel (*Spermophilus lateralis*). Mit etwas Glück sehen Sie einen Kaskadengebirgs-Rotfuchs (*Vulpes vulpes cascadensis*, eine besondere Form des Rotfuchses mit langem, graubraunem Fell).

Oft sind die Zwergstrauch- und Rasengesellschaften oberhalb von 2100 m genauso spektakulär wie die tieferen Lagen; dort wachsen etliche der oben genannten Arten, dazu kommen Westamerikanische Lütkea (*Luetkea pectinata*), zwei besondere Goldruten (*Solidago multiradiata* var. *scopulorum* sowie *S. simplex* subsp.

simplex var. *nana*), magentaroter Felsen-Bartfaden *(Penstemon rupicola)*, bläulicher Davidsons Bartfaden *(Penstemon davidsonii* var. *menziesii)*, orangerote *Castilleja rupicola*, kleine Lupinen, *Erigeron aureus* (eine Feinstrahlaster mit goldgelben Blüten) und etliche mehr. Dazwischen stehen lockere Gruppen der eleganten Felsengebirgs-Tanne *(Abies lasiocarpa)*, die hier ihre natürliche Höhengrenze erreicht. Diese Hochgebirgsgegend ist besonders malerisch und bietet weite Ausblicke bis zu den höchsten Gipfeln. Von den Schneehühnern zwischen den Felsen bis zu den Kolkraben *(Corvus corax)* und Steinadlern *(Aquila chrysaetos)* in der Luft – ein Paradies!

Auch andere Teile des Nationalparks sind sehenswert. Oft sind die Bachufer besonders artenreich, dort wächst etwa die Klebrige Gauklerblume *(Mimulus lewisii)* mit großen rosa Blüten oder die gelbblütige *Mimulus tilingii* var. *caespitosus*. Ein weiteres fantastisches Gebiet liegt am Ostrand des Nationalparks (zum Teil schon außerhalb) in der William O. Douglas Wilderness. Die ganze Gegend rund um den Chinook Pass an der State Route 410 ist wunderbar, besonders lohnend sind die Bereiche um Tipsoo Lake und Naches Peak. Die Flora ist insgesamt ähnlich wie am Mount Rainier, vor allem *Rhododendron albiflorum* (eine weißblütige Azalee), *Rainiera stricta* (ein Korbblütler) und Columbia-Lilie *(Lilium columbianum)* sind hier besonders verbreitet. Bei klarem Wetter hat man eine wunderbare Sicht auf Mount Rainier, und das Gebiet ist nicht annähernd so überlaufen wie Paradise Meadows oder Sunrise.

Unten Eine Sternelfe *(Stellula calliope)* besucht Läusekräuter *(Pedicularis* spp.) in den subalpinen Wiesen am Mount Rainier.

Folgende Doppelseite Die wunderbaren Blumen in Mazama Ridge am Mount Rainier – möglicherweise der blütenreichste Ort der Welt. Im Bild: Lupine, Läusekraut, *Castilleja parviflora* und Küchenschelle *(Pulsatilla occidentalis)*.

Carrizo Plain National Monument, Kalifornien

IN KÜRZE

Ort | Südwestkalifornien, etwa 160 km nördlich von Los Angeles oder 80 km östlich von San Luis Obispo; sehr abgelegenes Gebiet mit wenigen Versorgungsmöglichkeiten.

Attraktionen | Atemberaubende Blütenpracht auf riesigen Flächen, vor allem nach regnerischen Wintern; viele seltene und endemische Pflanzenarten; große Vorkommen an Winter- und Brutvögeln; Gabelbockherden und viele andere Säugetiere; kulturelle Zeugnisse der amerikanischen Ureinwohner.

Reisezeit | Ende März bis Anfang Mai; Blütezeitpunkt ist aber variabel – unbedingt vor Reiseantritt überprüfen.

Schutzstatus | Über 1000 km² sind als National Monument geschützt; allerdings sind im Gebiet selbst (und im Umkreis) etliche Flächen in Privatbesitz.

Gegenüber Goldgelbe Hänge in der Temblor Range füllen beinahe das gesamte Bild; kaum vorstellbar, dass dieser Farbenteppich fast nur aus *Monolopia lanceolata* (einem Korbblütler) besteht.

Wenn Sie irgendwann von Juni bis Dezember durch die Carrizo Plain fahren, erleben Sie eine braune, ziemlich langweilige und nichtssagende Gegend. Tatsächlich befinden Sie sich in einem der artenreichsten, interessantesten und ökologisch wichtigsten Gebiete der USA, Heimat für zahlreiche bedrohte Arten und mit einem bemerkenswerten Blütenschauspiel im Frühjahr. Bereits die schiere Größe ist außergewöhnlich, denn die Ebene ist in ihrer größten Ausdehnung 80 km lang und 15–20 km breit; sie wird im Nordosten durch die Temblor Range und im Südwesten durch die Caliente Range begrenzt.

Kilometerweit erstreckt sich die Graslandschaft bis zum Horizont, nur unterbrochen durch die großen, weiß schimmernden Salzseen im Zentrum. Fast die gesamte Ebene wurde früher von Viehranchen eingenommen und war einstmals derart überweidet, dass sie als nutzlose Wüste galt. Heute leben dort wieder Gabelbockherden *(Antilocapra americana)*, Unmengen von *Riesen-Kängururatten (Dipodomys ingens)*, und je nach Bedarf werden die Flächen extensiv von Rindern beweidet. Im Frühling füllt sich die Landschaft mit Farbe, wenn sich von Ende März bis Anfang Mai Millionen von Blüten öffnen: die goldgelbe *Lasthenia minor*, weiße und gelbe *Layia platyglossa*, goldgelbes Mädchenauge *(Coreopsis* spp.), die blauen Blütenkerzen von Rittersporn *(Delphinium* spp.) und Lupinen *(Lupinus* spp.), violettblaues Büschelschön *(Phacelia* spp.) und viele andere mehr. Nur eine gute Straße führt durch die Ebene, und im April meint man dort durch endlose Blütenmeere zu fahren.

Die San-Andreas-Verwerfung teilt das Gebiet in Längsrichtung; die Gesteine zu beiden Seiten der Falte haben einen gänzlich anderen Ursprung. Westlich der Verwerfung bewegt sich das Land stetig nordwärts, und zwar schneller als unsere Fingernägel wachsen! Die Ebene entstand, als Flüsse aufgrund tektonischer Bewegung blockiert wurden und keinen Abfluss mehr fanden; heutzutage verdunstet der geringe jährliche Niederschlag (etwa 200 mm) vollständig aus den Sodaseen.

Die Temblor Range *(temblor,* span. Beben), welche die Ebene auf der Nordostseite abschließt, hat ein sehr komplexes Abfluss- und Erosionsmuster, was auf das weiche Gestein und die relativ rezente Hebung zurückgeht und zu sehr unregelmäßigen Oberflächenformen führt. In diesem riesigen Gebiet entwickelt sich im Frühling ein Blütenteppich aus einjährigen Pflanzen, die blühen und fruchten, bevor die Hänge im Mai austrocknen. Nach regnerischen Wintern kann man die ausgedehnten Farbfelder sogar aus vielen Kilometern Entfernung erblicken. Ganze Hänge sind gelb mit *Monolopia lanceolata*, andere violett mit Rainfarn-Büschelschön *(Phacelia tanacetifolia)*, dann wieder rosa mit den zarten Blüten der endemischen *Eremalche parryi*. Große Flächen strahlen in sattem Orange – hier handelt es sich meist um die endemische *Mentzelia pectinata*, doch noch intensiver leuchtet der Kalifornische Kappenmohn *(Eschscholzia californica)*, der seine Blüten in der Sonne weit öffnet. An manchen Hängen bewegen sich ganz eigenartige hohe Blütenstände im Wind – es ist die endemische *Caulanthus inflatus*, ein Kohlgewächs, das passenderweise als «Desert Candle» (Wüstenkerze) bezeichnet wird. Mit ihren schopfigen, kurz gestielten, violett-weißen Blüten und dem aufgetriebenen Stängel gleicht sie fast einer Schopfigen Traubenhyazinthe *(Muscari comosum)*.

NORDAMERIKA | USA

Unten Einer der herrlichen Blütenhänge in der Temblor Range, im Vordergrund orangerote *Mentzelia pectinata* und blauviolettes Büschelschön, im Hintergrund die gelbe *Monolopia lanceolata*.

Gegenüber Ein Blütenteppich in den flachen Bereichen der Carrizo Plains; hier blühen *Phacelia fremontii* und *Lasthenia minor*, so weit das Auge reicht.

Fast all diese Blüten duften intensiv, und wenn man dann, meilenweit von jeder Behausung entfernt, auf einem Berghang steht und die Düfte und Farben auf sich einwirken lässt, so ist das Erlebnis nahezu magisch. Für Wanderer bieten sich zahllose Möglichkeiten, da sich überall neue, verborgene Hänge und Täler auftun. Man kann die Blüten aber auch ganz nah aus dem Auto bewundern, beispielsweise an der State Route 58 oder der Crocker Springs Road (nicht asphaltiert), die ungefähr bei Taft über die Temblor Range in die Ebene führt. Im Südwesten liegt die geologisch andersartige Caliente Range, die höher, noch abgelegener und niederschlagsreicher ist; die herrliche Blütenpracht entwickelt sich hier etwas später.

CARRIZO PLAIN NATIONAL MONUMENT, KALIFORNIEN

Tehachapi Mountains und Antelope Valley, Kalifornien

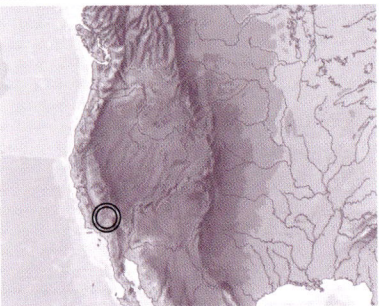

IN KÜRZE

Ort | Südwestkalifornien, etwa auf halber Strecke zwischen Los Angeles und Bakersfield, nordöstlich der Interstate 5.

Attraktionen | Besonders schöne, vielfältige und großflächige Frühlingsflora; artenreiche Vogelwelt, z. B. Kalifornischer Kondor (*Gymnogyps californianus*).

Reisezeit | Gewöhnlich von Mitte März bis Ende April, doch sehr variabel, da von Witterung und Höhenlage abhängig.

Schutzstatus | Einige Teile stehen unter Schutz, doch der größte Teil ist in Privatbesitz; zurzeit laufen intensive Verhandlungen, um einen Großteil des Gebiets zukünftig zu sichern.

Rechts Frühlingsblumen im April bei Gorman, im Vordergrund *Linanthus dichotomus* und Kalifornischer Kappenmohn.

Gegenüber Ein blauer Teppich aus *Lupinus benthamii* in Grapevine am Fuß der Tehachapi Mountains.

In Südkalifornien gibt es eine Gegend, wo anscheinend alles zusammenkommt: Der hohe, schneebedeckte Gebirgszug der Sierra Nevada, das Kalifornische Küstengebirge und das riesige Kalifornische Längstal, sie alle erreichen hier ihren südlichsten Punkt; ein Ausläufer der Mojave-Wüste schiebt sich westwärts, von der Küste reichen die Transverse Ranges herüber, nicht weit im Süden erstreckt sich die Sonora-Wüste. Und durch das gesamte Gebiet zieht sich die San-Andreas-Verwerfung, an der zwei Kontinentalplatten aufeinandertreffen. An diesem Knotenpunkt liegen die Tehachapi Mountains mit ihrem spektakulären Blütenreichtum.

Dieser kleine Gebirgszug befindet sich ungefähr zwischen der Stadt Tehachapi im Norden und Gorman an der Interstate 5 im Süden und erreicht mit 2433 m auf dem Double Mountain seinen höchsten Punkt. Die Berge liegen nicht nur am Schnittpunkt von vier Ökoregionen, sondern sind zusätzlich durch die Kontinuität geprägt, die sich daraus ergibt, dass sie Teil des größten Privatgeländes in Kalifornien sind. Denn der Großteil der Tehachapi Mountains gehört zur riesigen Tejon Ranch, die um 1840 durch mexikanische Landzuteilungen gegründet wurde und inzwischen weit über 1000 km² umfasst. Dadurch wurde das Land insgesamt nachhaltig und weitsichtig bewirtschaftet und seine Naturräume weitgehend erhalten. Der Nachteil ist ein sehr eingeschränkter öffentlicher Zutritt; kürzlich haben die neuen Besitzer außerdem Pläne für Wohn- und Gewerbeerschließung vorgestellt, die große Teile des Anwesens betreffen.

Mit der großen botanischen Artenvielfalt der Tehachapi Mountains geht ein verschwenderischer Farbenreichtum einher. Auf den Nordwesthängen, vor allem rund um Grapevine an der Interstate 5 sowie an der State Route 223 in Richtung Arvin, leuchten riesige blaue Lupinenteppiche (insbesondere *Lupinus benthamii*), dazwischen rosafarbene Indianerpinsel (*Castilleja* spp.) und andere Arten. Bei Gorman überquert die Interstate 5 den Tejon-Pass; zur Blütezeit wird dort der gesamte Südhang der Tehachapi Mountains zu einem vielfarbigen Flickenteppich aus blauen Lupinen, blauviolettem Büschelschön (*Phacelia* spp.), gelben oder orangegelben Korbblütlern (Mädchenauge, *Coreopsis* spp., oder *Lasthenia minor*), dem leuch-

tenden Orange des Kalifornischen Kappenmohns *(Eschscholzia californica)*, einer weiß blühenden Phloxverwandten *(Linanthus dichotomus)* und rosa oder purpurn blühenden *Gilia-* sowie *Castilleja*-Arten. In besonders guten Blütenjahren kommt der Verkehr auf der Autobahn fast zum Erliegen, da die Fahrer abbremsen, um das Schauspiel zu bewundern. Fährt man über die Gorman Post Road (direkt östlich des Orts), kann man die Blumen aus nächster Nähe bewundern. Inzwischen bietet Tejo Ranch Conservancy zur Blütezeit an den Wochenenden Tagestouren an, die tiefer in das Privatgelände führen, es gibt allerdings nur sehr wenig Plätze.

Im Südosten der Tehachapi Mountains liegt das breite, flache Antelope Valley (an der State Route 138 Richtung Lancaster). Ein Großteil des Tals wird zwar landwirtschaftlich oder anderweitig genutzt, doch im Frühling sind alle naturnahen Flächen vollständig mit Kalifornischem Kappenmohn bedeckt. Etwa 730 ha des wunderbaren Kappenmohn-Habitats sind im Antelope Valley California Poppy Reserve geschützt; in guten Jahren wird die gesamte Gegend rundum zu einem Meer aus orangegelber *Eschscholzia*. In der Nähe existiert auch eine Restfläche der Mojave-Wüste mit Josua-Palmlilien *(Yucca brevifolia)*, sie ist als Ripley Desert Woodland Reserve geschützt.

Diese herrliche Gegend besticht durch Blütenpracht und Artenreichtum – so etwa muss Kalifornien früher ausgesehen haben.

Gegenüber Weideflächen am Tejon-Pass bei Gorman (Tehachapi Mountains) – der Blütenreichtum im Frühling ist überwältigend.

Unten Kalifornischer Kappenmohn in seinem Element, hier im Antelope Valley California Poppy Reserve.

Anza-Borrego State Park and Wilderness, Kalifornien

IN KÜRZE

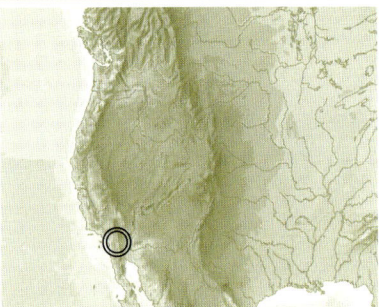

Ort | Äußerster Südwesten Kaliforniens, etwa 160 km nordöstlich von San Diego; der Park reicht südwärts fast bis zur mexikanischen Grenze.

Attraktionen | In manchen Jahren Wüstenblumen in Hülle und Fülle; grandiose Wüstenlandschaft; Nelsons Dickhornschaf und etliche Vogelarten.

Reisezeit | Blütenhöhepunkte von Februar bis April, doch je nach Regenmenge sehr variabel; unbedingt vorher per Telefon oder Internet klären, ob die weite Reise lohnt.

Schutzstatus | Das Gebiet ist als State Park and Wilderness gut geschützt, doch Sparmaßnahmen und die großen Neophytenbestände wirken sich negativ aus.

Gegenüber Nachdem es im Winter 2005 heftig geregnet hatte, stand die Anza-Borrego-Wüste in voller Blüte.

Eine Wüste in voller Blüte hat etwas Unwirkliches. Denn diese seltenen und außergewöhnlichen Ereignisse finden nur in den niederschlagreichsten Jahren statt; zudem entwickelt sich die Blütenpracht nicht inmitten üppigen Grüns, sondern vor einem Hintergrund von Felsen und Sand. Es ist wirklich bewundernswert, woher die zarten Pflanzen die Kraft und Ausdauer nehmen, um manchmal jahrelang im Erdboden zu überdauern, bis endlich der Regen kommt.

Die Niederschlagsmenge liegt in Wüsten normalerweise unter 250 mm pro Jahr, doch ihr Aussehen und die Vegetation werden zusätzlich sehr stark durch die Verdunstung beeinflusst, außerdem durch den Zeitpunkt der jährlichen Niederschläge und die Häufigkeit der feuchteren Jahre. Anza-Borrego ist eine der heißesten Gegenden in den USA: Die Temperaturen steigen regelmäßig über 40 °C und nicht selten über 50 °C, der durchschnittliche Jahresniederschlag liegt bei 175 mm – es ist also verständlich, dass das Gebiet alle typischen Wüstenmerkmale aufweist. In manchen Jahren fällt sogar überhaupt kein Regen.

Um die beste Wüstenblüte zu erleben, sollte man die feuchteren Jahre für einen Besuch wählen. Diese fallen normalerweise (aber nicht immer) mit El-Niño-Jahren zusammen, die sich heutzutage recht gut vorhersagen lassen. In diesen Jahren wird die Blüte höchstwahrscheinlich hervorragend sein; man sollte sich aber trotzdem aktuelle Informationen beschaffen, da sich zum Beispiel ein heißer Trockenmonat nach den Regenfällen verheerend auf die Blütenpracht auswirkt. Die Jahre 1997/1998, 2002/2003, 2006/2007 und 2009/2010 waren El-Niño-Jahre, und es scheint, als ob diese Ereignisse häufiger werden. In feuchteren Wetterzyklen kommt es oft auch in Nicht-El-Niño-Jahren zu einer guten Wüstenblüte.

Der State Park und die dazugehörigen Gebiete von Anza-Borrego gehören zu den besten Stellen in den USA, um Wüstenblumen in all ihrer Pracht und in ursprünglicher Umgebung zu erleben. Der Park ist mit 2400 km² sehr groß und umfasst ein Spektrum verschiedenster Lebensräume, die zum Teil gerade über Meereshöhe, zum Teil sogar über 1800 m hoch liegen; auch die Geologie ist sehr vielfältig. In einem guten Frühjahr blühen im Februar und März Blumen, so weit das Auge reicht. Zauberhafte Sandverbenen (hier die Art *Abronia villosa*) bilden ausgedehnte violette Teppiche, dazwischen wachsen Gruppen der weißblütigen *Oenothera deltoides*, Gelbe Klette (*Amsinckia* spp.), mehrere Büschelschön (*Phacelia* spp.) mit blauen oder purpurnen Blüten, die reinweiße *Rafinesquia neomexicana* oder *Hesperocallis undulata* mit duftenden weißen Blütenkerzen. Häufige ein- oder mehrjährige Arten sind ferner *Eremalche rotundifolia* (ein Malvengewächs) mit auffälligen rosa Schalenblüten, zwei Korbblütler mit orangen oder gelben Blüten *(Geraea canescens, Malacothrix glabrata)*, dazu *Mohavea confertiflora*, Gauklerblumen (*Mimulus* spp.) und mehrere Kappenmohn-Arten, darunter der bekannte Kalifornische Kappenmohn *(Eschscholzia californica)*. Viele Sträucher stehen in den Trockenperioden fast kahl da, bilden nach dem Regen aber sofort Blätter und Blüten. Vielleicht am häufigsten ist der Korbblütler *Encelia farinosa* mit zahllosen goldgelben Blüten im Frühjahr; er wächst oft gemeinsam mit *Beloperone californica* (scharlachrote Blüten), *Cercidium floridum*, Wüstenweide (*Chilopsis linearis*) oder blauvioletten *Psorothamnus*-Arten. Besonders gut an das Klima angepasst ist der Kalifornische Kerzenstrauch *(Fouquieria splendens)*: Bei Trockenheit wirft er die Blätter sofort ab,

Unten Die hübschen Blüten von *Mohavea confertiflora*.

Ganz unten Im Vordergrund die Nachtkerzen-Art *Oenothera deltoides*, dahinter Sandverbenen der Art *Abronia villosa*.

Gegenüber Sogar trockene, steinige Bergkuppen können nach einem regenreichen Winter plötzlich aufblühen.

doch nach jedem Regenfall schlagen die langen Triebe rasch wieder aus, und dies bis zu sechsmal im Jahr! Dank dieser Strategie blühen die Sträucher fast in allen (auch sehr trockenen) Jahren; die auffälligen roten Blüten sind eine wichtige Nektarquelle für Kolibris, Holzbienen und andere Blütenbesucher.

In letzter Zeit breiten sich nicht heimische Pflanzenarten (Neophyten), sowohl was die Arten als auch die Mengen angeht, immer stärker aus, beispielsweise Tamarisken (*Tamarix* spp.), Afrikanisches Lampenputzergras (*Pennisetum setaceum*) sowie der hartnäckige und häufige Sahara-Kohl *(Brassica tournefortii)*. Diese Neophyten sind nur schwer zu kontrollieren und es gibt kaum Zweifel, dass sie die heimischen Pflanzen im Park unter ungünstigen Bedingungen verdrängen können.

Doch in der Anza-Borrego sind nicht nur die Blumen einen Besuch wert, mit etwas Glück kann man auch Nelsons Dickhornschaf *(Ovis canadensis nelsoni)*, besondere Wüstenvögel und etliche andere typische Wüstentierarten beobachten.

ANZA-BORREGO STATE PARK AND WILDERNESS, KALIFORNIEN

NORDAMERIKA | USA

Crested Butte, Rocky Mountains, Colorado

IN KÜRZE

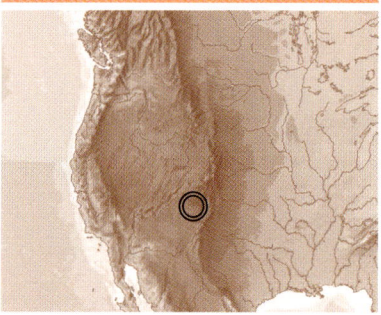

Ort | Zentrale Rocky Mountains im Bundesstaat Colorado, südlich von Aspen und nördlich von Gunnison, rund um den Ort Crested Butte.

Attraktionen | Wunderbare Gebirgsflora mit großer Artenvielfalt und einigen Endemiten; grandiose Landschaft; sehr gutes Wildblumen-Festival im Juli.

Reisezeit | Beste Blütezeit im Juli und Anfang August, doch von April bis Oktober gibt es Interessantes zu sehen.

Schutzstatus | Guter Schutz, da große Teile im Gunnison National Forest (Staatseigentum) liegen und ferner als «Wilderness»-Gebiete ausgewiesen sind.

Gegenüber Lupinen, Indianerpinsel und Rocky-Mountain-Akelei auf einer bunten Bergwiese in Rustler's Gulch bei Crested Butte.

Die Rocky Mountains in Colorado beherbergen viele herrliche Wildblumengebiete, doch nur Crested Butte trägt ganz offiziell den Titel «Wildflower Capital of Colorado» (Wildblumen-Hauptstadt von Colorado). Der Ort selbst ist klein und bescheiden, aber umgeben von einer herrlichen Hochgebirgslandschaft mit fantastischem Blumenreichtum. Mit vulkanischen, metamorphen und Sedimentgesteinen ist die Gegend geologisch komplex; die Siedlung Crested Butte selbst entstand, als in der Nähe Kohle und Erz abgebaut wurden.

Die besonders blütenreichen Gebiete liegen in den Bergen rund um Crested Butte. In den normalerweise sehr kalten Wintern fällt viel Schnee (bis zu 10 m), der teils erst im Juli abtaut. Die Sommer sind warm, doch gegen Ende Juli beginnt eine niederschlagsreiche Zeit mit etlichen Gewittern, die in das Tal ziehen und dafür sorgen, dass es den ganzen Sommer über grünt und blüht. Am beeindruckendsten sind die großflächigen, offenen Bergwiesen, sie beginnen oberhalb von 3200 m und liegen über oder zum Teil noch im Bereich der höchsten Waldgebiete. In die Nähe dieser Bergwiesen kann man mit dem Auto von Kebler Pass aus gelangen, ebenso von Schofield Pass, Crested Butte Mountain, Lake Irwin und über andere Nebenstraßen nördlich der Stadt. Die farbenfrohe Blütenfülle ist überwältigend: Nickende Zwergsonnenblume *(Helianthella quinquenervis)* und mehrere blaue Lupinenarten *(Lupinus* spp.) wachsen neben roten, orangefarbenen oder cremeweißen Indianerpinseln *(Castilleja* spp.), einem blauen Rittersporn *(Delphinium barbeyi)*, Enzianen *(Gentiana* spp.), mehreren Bartfaden-Arten *(Penstemon* spp.), der Parry-Primel *(Primula parryi)* mit magentaroten Blüten und der Staatsblume von Colorado, der zarten weiß-blauen Rocky-Mountain-Akelei *(Aquilegia caerulea)*. Nicht selten sind die Hänge ein einziger Blumenteppich, so weit das Auge reicht: zum Beispiel in Rustler's Gulch oder im Tal, das von Schofield Park zum West-Maroon-Pass führt. Auch Gelbbauch-Murmeltiere *(Marmota flaviventris)* sind auf den Bergwiesen häufig, außerdem gibt es viele Schmetterlinge und Vögel.

Weiter oben gehen die Bergwiesen allmählich in Zwergstrauchheiden und Hochgebirgsrasen über; dort wachsen viele Besonderheiten wie die leuchtend blaue Klebrige Himmelsleiter *(Polemonium viscosum)*, *Hymenoxys grandiflora* mit sonnenblumenähnlichen goldgelben Blüten, Arktischer Enzian *(Gentiana algida)*, Arktisches Weidenröschen *(Chamerion latifolium)*, Stängelloses Leimkraut *(Silene acaulis)*, die auch in Europa vorkommende Silberwurz *(Dryas octopetala)* und viele mehr. In den tiefer gelegenen Aspenwäldern *(Populus tremuloides*, Amerikanische Aspe) entwickelt sich oft eine artenreiche Frühlingsflora, bevor sich das Kronendach schließt. Typisch sind hier der gelbe Großblütige Hundszahn *(Erythronium grandiflorum)*, das weiße Sternförmige Duftsiegel *(Smilacina stellata)* oder ein hübsches rosa blühendes Tellerkraut *(Claytonia lanceolata)*.

Seit 25 Jahren findet in Crested Butte jedes Jahr ein Wildblumen-Festival statt, das sich im Lauf der Zeit zu einem der größten seiner Art entwickelt hat; 40 verschiedene Lehrer und Führer bieten insgesamt etwa 200 Aktivitäten an, die mit Blumen zu tun haben. Es ist eine ideale Gelegenheit, um die Flora der Gegend kennenzulernen, doch Sie sollten zeitig buchen (vor allem, wenn Sie eine Unterkunft benötigen) oder das Datum andernfalls als guten Besuchszeitpunkt vormerken.

Zentralchile – Banos Morales, Yerba Loca und Los Molles

VON ADRIAN MÖHL

IN KÜRZE

Ort | Ausflugsziele von Santiago de Chile, im mediterranen Gebiet des Landes.

Attraktionen | Ausgesprochen artenreiche Pflanzenwelt mit vielen Spezialitäten und endemischen Arten.

Reisezeit | Frühling, von Oktober bis November, in den Anden auch später.

Schutzstatus | Nationalparks.

Gegenüber Blühende Kakteen schmücken die Küstenfelsen in Los Molles. Hier steht die Art *Eulychnia castanea* gerade in Vollblüte.

Das Klima um die chilenische Hauptstadt Santiago ist vergleichbar mit demjenigen von Rom. Zentralchile ist eines der fünf mediterranen Gebiete der Welt. Wie in den anderen Regionen mit Mittelmeerklima sind die Sommer hier heiß und trocken, die Winter aber mild und feucht. Und noch eine weitere Gemeinsamkeit mit dem Mittelmeergebiet oder dem Kapland gibt es in Zentralchile: Die Flora ist ungemein reichhaltig.

Viel mehr noch als die anderen mediterranen Regionen der Welt ist das Gebiet rund um Santiago überbaut. Die einst so vielfältige natürliche Vegetation musste der Urbanisierung, der Land- und vor allem der Forstwirtschaft weichen. Noch immer gibt es jedoch Gebiete, die das Herz des Pflanzenfreundes höher schlagen lassen. Santiago ist als Ausgangspunkt ideal: Man hat hier die Qual der Wahl, ob man sich die Honig-Palmen *(Jubea chilensis)* im Nationalpark La Campana, die Bergblütenvielfalt von Yerba Loca oder doch lieber die Küstenflora bei Los Molles ansehen will. Hier werden drei Reiseziele vorgestellt, die bequem von Santiago aus erreichbar sind.

Einer der besten Orte, um eine Blumensafari zu machen, ist Banos Morales, knapp zwei Autostunden von der chilenischen Hauptstadt entfernt. Hier findet sich eine Flora, die es in sich hat. In nächster Umgebung der Thermalbäder finden sich äußerst ungewöhnliche und attraktive Pflanzen, wie etwa die Vielblättrige Kapuzinerkresse *(Tropaeolum polyphyllum)* oder die fast außerirdisch anmutenden Blumennessel *(Caiophora coronata)*. Die schwarzweißen Blüten der Schlitzblättrigen Jaborose *(Jaborosa laciniata)* sind ebenfalls ein ungewöhnliches Bild, und *Nastanthus agglomeratus* besticht wohl eher durch ihre Ungewöhnlichkeit als durch ihre Schönheit. Riesige Polster von *Azolla monatha* wirken von Weitem wie weiche Moospolster, erweisen sich aber bei näherem Betrachten als ungemütliche Ruhekissen. Die Blüten der Abgestumpften Spaltblume *(Schizanthus grahamii)* wirken wie bemalt. Für die Freunde der Pantoffelblumen hat das Hochtal in den Farben Gelb *(Calceolaria corymbosa)* und Violett *(Calceolaria arachnoidea)* etwas zu bieten.

Das Santuario de la Naturaleza von Yerba Loca ist ein weiterer Ort, den sich Blumenliebhaber auf keinen Fall entgehen lassen dürfen. Das Schutzgebiet und der dazugehörende Fluss sind nach einem Schmetterlingsblütler (genauer: *Astragalus cruckshanksii*), dem «verrückten Kraut», benannt. Im Dezember und Januar leuchten hier die unterschiedlichsten Farben und es können spektakuläre Pflanzen gefunden werden: Die andinen Rasen stehen voller Kalandrinien *(Calandrinia affinis)*; zierliche Lauchgewächse *(Tristagma bivalve)* und stolze Amaryllisgewächse *(Placea arzae)* wachsen nebeneinander im Geröll, eidottergelb blühende Kissen von Schmetterlingsblütlern *(Anarthrophyllum andicola)* leuchten neben wildem Tabak, und an den Büschen klettern die ungewöhnlichen Korbblütler der Gattung *Mutisia*.

Wem die Bergwelt zu wild ist und wer sich eher vom Meer angezogen fühlt, der findet in Los Molles, knapp 200 km nördlich von Santiago, ein Blumenwunderland. Die Fahrt ist zwar etwas länger, doch allein die hier endemisch vorkommenden Los-Molles-Inkalilien *(Alstroemeria pelegrina)* sind es wert, den Weg zu diesem Küstenort zu unternehmen. Diese besonders attraktive Art war die erste Inkalilie, die in Europa in Kultur genommen wurde. Im November buhlen verschieden Orchideen,

SÜDAMERIKA | CHILE

leuchtende Portulakgewächse, gut bewehrte Kakteen und ungewöhnlich dunkelviolett blühende Puyas um Aufmerksamkeit. Und wem das Pflanzenleben nicht ausreicht, kann Seehunde und verschiedene Wasservögel auf den vorgelagerten Inseln beobachten.

Oben Besonders prächtig sind die Blüten der chilenischen Ritterlilie *(Placea arzae)*.

Unten Die Gattung der Pantoffelblumen ist in Zentralchile gut vertreten, hier mit der endemischen *Calceolaria campanae*.

Gegenüber Chile ist auch die Wiege der Inkalilien. Hier die besonders dekorative Gewöhnliche Inkalilie *(Alstroemeria ligtu)*.

ZENTRALCHILE – BAÑOS MORALES, YERBA LOCA UND LOS MOLLES

Andere sehenswerte Gebiete

Überall auf der Welt gibt es Orte, die als «besonders blütenreich» gelten können. Vermutlich kenne ich viele überhaupt nicht. Etliche andere Gegenden habe ich für dieses Buch in Betracht gezogen und doch nicht aufgenommen – entweder weil sie nicht ganz so blütenreich wie erhofft waren (vielleicht habe ich sie nicht zu ihrer besten Zeit gesehen), weil ich schlicht keine Zeit für einen Besuch hatte oder weil ich in einigen Fällen das Gefühl hatte, sie seien zu schwer zu erreichen. Die unten aufgeführten Gebiete sind jedoch zweifellos besonders interessant, blütenreich und definitiv eine Reise wert.

Europa
- Berner Oberland, Schweiz
- Hintertux, Österreich
- Hohe Tauern, Österreich
- Neusiedlersee, Österreich
- Karawanken, Österreich
- Šar Planina, Mazedonien und Kosovo
- Olymp, Griechenland
- Mont Ventoux und Haute Provence, Frankreich

Afrika
- Atlasgebirge, Marokko
- Hochland von Äthiopien
- Südliches Namaqualand mit Namaqua National Park, Südafrika

Asien
- Insel Sokotra, Jemen
- Kleiner Kaukasus, Georgien
- Blumenzwiebelwiesen in Kirgistan
- Valley of Flowers («Tal der Blumen»), Westhimalaja, Indien
- Sikkim, Südhimalaja, Indien
- Hindukusch, Afghanistan

Nordamerika
- Bruce Peninsula National Park, Ontario, Kanada
- Yellow Island Preserve, San Juan Islands, Puget Sound, Washington State, USA
- Olympic National Park, Washington State, USA
- Klamath-Siskiyou Forests, Kalifornien und Oregon, USA
- Präriegebiete in Illinois, Dakota, Wisconsin (USA) und anderen Teilen Nordamerikas
- San Juan Mountains, Colorado, USA
- Küstenprärien von Louisiana und Texas, USA
- Edwards Plateau, Texas, USA
- Big Bend National Park, Texas, USA

Mittel- und Südamerika
- Baja California, Mexiko
- Sierra Madre und andere Gebirgszüge in Mexiko
- Campo Rupestre, Brasilien
- Valdivianische Regenwälder, Chile
- Chiloé-Nationalpark, Chile
- Torres del Paine, Argentinien

Nützliche Websites

EUROPA

Irland
Der Burren
www.burrennationalpark.ie
www.burrenbeo.com

Großbritannien
Äußere Hebriden
Die besten Kontakte sind die Büros des Scottish Natural Heritage in Uist und Lewis.
www.snh.org.uk
Für Details zum RSPB Balranald Naturschutzgebiet siehe
www.rspb.org.uk

Lizard-Halbinsel
The Lizard Countryside Centre, Trelowarren
Tel: +44 (0)1326 221661
www.lizard-peninsula.co.uk
www.naturalengland.org.uk
www.nationaltrust.org.uk
Informationszentren für Besucher befinden sich in Mullion, Helston und am Lizard Point.

Schweden
http://schwedentravelnet.com
www.sverigeturism.se/smorgasbord
Hilfreiche Websites mit allgemeinen Reiseinformationen.

www.naturvardsverket.se
Website der Swedish Environmental Protection Agency mit Informationen zu den Nationalparks.

Abisko-Nationalpark
www.abisko-naturum.nu
www.abisko.nu

Öland
www.stationlinne.se
Gutes Umweltzentrum auf der Insel.

Estland
www.keskkonnainfo.ee
Website des estnischen Umweltinformationszentrums.

Frankreich
Verschiedene Informationszentren befinden sich in den Nationalparks.

Vercors-Massiv
www.parc-du-vercors.fr
www.vercors-escapade.com
www.ecrins-parcnational.fr

Cevennen und Causses
www.parc-grands-causses.fr
www.cevennes-parcnational.fr

Zentralpyrenäen
www.parc-pyrenees.com

Spanien
Ordesa und Monte Perdido
www.ordesa.net/ordesa
Ein Besucherzentrum befindet sich in Ordesa, allgemeine Informationszentren finden Sie in Torla, Bielsa und im Valle de Pineta Parador.

Picos de Europa
http://reddeparquesnacionales.mma.es/parques/picos/index.htm
Offizielle Website des Nationalparks, die Navigation ist etwas unübersichtlich.
Besucherzentren befinden sich in Posada de Valdeon, Cangas de Onis und Buferrera.

Sierra de Grazalema
www.grazalemaguide.com
Sehr hilfreiche Website mit vielen nützlichen Informationen.
Passagierscheine sind im Informationszentrum in Cadiz erhältlich.
Ein weiteres Informationszentrum befindet sich in Zahara de La Sierra.
Für Informationen über den Park (in Spanisch) siehe *www.cadiz-turismo.com/parquesnaturales/sierradegrazalema/sierradegrazalema.php*

Portugal
Adresse des Hauptbüros der Naturparks Alentejo und Costa Vicentina: Rua Serpa Pinto 32, 7630-174 Odemira, Tel: +351 283 322 735

Deutschland
www.floraweb.de
Beste Seite zur Flora von Deutschland mit Verbreitungskarten und Naturschutzbestimmungen.

www.kaiserstuhl.eu
Allgemeine Informationen zum Kaiserstuhl, besonders über die Flora.

Schweiz und Liechtenstein
www.infoflora.ch
www.nationalpark.ch
www.viaalpina.org

Österreich
http://flora.nhm-wien.ac.at/
Reich illustrierte Seite zur Flora von Österreich.

Italien

Dolomiten
www.dolomitipark.it
www.val-gardena.com
www.dolomiti.org

Gardasee
www.parks.it/parco.alto.garda.bresciano

Piano Grande
www.sibillini.net.

Gargano
www.parcogargano.it

Sizilien
www.dipbot.unict.it/phyto_de/territori/territori.html
Deutsche Seite zur Biogeografie Siziliens.

Slowenlen
www.tnp.si/national_park
Website des Triglav-Nationalparks mit Adressen der exzellenten Informationszentren in Soča (Trenta-Haus) und Bled.

www.bohinj.si/alpskocvetje/eng/o_festivalu.php
Details zum Wildblumen-Festival.

Rumänien
www.romaniatourism.com
Allgemeine Informationen und Informationen zu Nationalparks.

www.fundatia-adept.org
www.discovertarnavamare.org
Zwei Seiten, die von Fundatia ADEPT betrieben werden, einer Organisation, die sich für die Erhaltung und Regenerierung der siebenbürgischen Graslandschaft einsetzt.

Griechenland
www.eepf.gr
Griechische Naturschutzgesellschaft (Website nur auf Griechisch).

www.gnto.gr
Informationen zur Verfügung gestellt von der Greek National Tourism Organization.

Türkei
www.goturkey.com
Allgemeine Informationen für Touristen mit einigen Details zu den Nationalparks.

Zypern
www.europaan-foresters.org/CyprusGCM/Troodos
Sehenswürdigkeiten und Aktivitäten im Troodos National Forest Park.

www.cyprus-travel-secrets.com/cyprus-walks.html

AFRIKA

Tansania
http:// tanzaniaparks.com

Südafrika
www.namaqualand.com
Allgemeine Informationen über das Namaqualand.

www.kamieskroonhotel.com
Das Kamieskroon Hotel bietet Unterkünfte, Kurse und Informationen an.

Goegap Nature Reserve
www.sa-venues.com/game-reserves/nc_goegap.htm
Richtersveld National Park
www.sanparks.org/parks/richtersveld

Namaqua National Park
www.sanparks.org/parks/namaqua .

Niewoudtville
www.nieuwoudtville.com

Hantam Botanical Garden
www.sanbi.org

Table Mountain National Park
www.sanparks.org/parks/table_mountain
Enthält Kontaktdaten für das Buffelsfontein-Besucherzentrum.

Kogelberg Nature Reserve
www.capenature.org.za/reserves.htm
Tel: +27 028 271 5138, e-mail admin@kogelbergbiosphere.co.za

Fernkloof Nature Reserve
http://fernkloof.com

ASIEN

Georgien

www.cac-biodiversity.org/geo

Diese Website bietet zwar nicht besonders viele Informationen zum Gebiet, dafür gibt sie Auskunft über die Pflanzengenetik und hat viele weiterführende Links.

Iran

Ohne Farsi-Kenntnisse sind Individualreisen im Iran sehr schwierig, hier bieten sich Gruppenreisen regelrecht an.

Kasachstan

www.aksuinn.com

Dieses exzellente Gästehaus in Dzhabagly organisiert geführte Reisen in der Gegend und im Schutzgebiet.

China

Reisen nach China müssen gut vorbereitet werden. Innerhalb von China organisieren der China International Travel Service (CYTS) und der China Travel Service (CTS) verschiedene Touren. Es gibt aber auch verschiedene europäische Anbieter, die Touren mit Experten anbieten.

AUSTRALASIEN

Australien

www.wildflowerswa.com

Informationen über Besucherzentren, Unterkünfte, geführte Spaziergänge und Blütezeit der lokalen Flora.

www.stirlingrange.com.au

Das Stirling Range Retreat (+61 (0)8 9827 9229) wird von Botanikern geführt und bietet Information, geführte Spaziergänge und Touren sowie Unterkünfte an.

Neuseeland

www.doc.govt.nz/parks-and-recreation/national-parks/fiordland

Informationen über das Fiordland vom Department of Conservation.

www.fiordland.org.nz

Hilfreiche Reiseinformationen.

NORDAMERIKA

Kanada

www.pc.gc.ca

Diese Seite vermittelt allgemeine Informationen über die Parks, gezielte botanische Informationen findet man hier jedoch nicht. In Waterton befindet sich ein Besucherzentrum.
Website des Glacier National Park: *www.nps.gov/glac/index.htm*

USA

www.nps.gov

Die erste Informationsquelle für Nationalparks in den USA.

Carrizo Plain

www.blm.gov/ca/st/en/fo/bakersfield/Programs/carrizo.html

Die Website des Bureau of Land Management hat viele weiterführende Links.

Das informative Goodwin Education Centre ist von Anfang Dezember bis fast Ende März, jeweils Donnerstag bis Freitag von 9 – 16 Uhr geöffnet.

Tehatchapi

www.tejonconservancy.org

Touren innerhalb des Tejon Ranch Gebietes.

www.theodorepayne.org

Die Theodore Payne Foundation hat neben der Website auch noch eine Hotline.

www.parks.ca.gov/?page_id=627

Detailinformationen über das Antelope Valley Poppy Reserve von den California State Parks zur Verfügung gestellt, zusätzlich betreiben sie eine Hotline.

Anza-Borrego

www.parks.ca.gov/?page_id=638
www.desertusa.com

Beide Websites informieren über die Wildblumen und die aktuellen Blütezeiten.

Crested Butte

www.crestedbuttewildflowerfestival.
www.crestedbutte-co.gov

Zudem wird das Buch von Katherine Darrow (siehe Literatur) empfohlen. Dieses Buch hilft nicht nur bei der Bestimmung der Pflanzen, sondern stellt auch verschiedene Sehenswürdigkeiten in der Nähe von Crested Butte vor.

Reiseveranstalter

Viele Reiseveranstalter, die botanische Reisen anbieten, sind in England stationiert und führen Touren mit Reisenden aus der ganzen Welt durch. In den meisten Ländern gibt es Anbieter verschiedener botanischer Touren, manchmal sind das nicht ganze Reisen, sondern nur geführte Spaziergänge oder Ausflüge.

Ace Cultural Tours
www.aceculturaltours.co.uk   ace@aceculturaltours.co.uk
Bietet auch botanische Reisen an.

Advantour
www.advantour.com
Lokaler Reiseveranstalter für Zentralasien und Russland.

Alpine Garden Society
www.alpinegardensociety.net/tours   tours@alpinegardensociety.net
Organisiert geführte botanische Reisen in blumenreiche Berggebiete, auch in Zusammenarbeit mit Greentours.

ATG Oxford
www.atg-oxford.co.uk   trip-enquiry@atg-oxford.com
Bietet ein paar wenige Reisen mit Schwerpunkt Blumen an.

Botanical Expeditions
http://botanicalexpeditions.com   info@betchartexpeditions.com
Geschäftszweig in Kalifornien des Anbieters *Betchart Expeditions*, bietet einige botanische Touren an.

Botanikreisen
www.botanikreisen.ch   adimoehl@gmx.ch
Organisiert botanische Reisen in Europa und Südafrika.

Cyrus Sahra
www.caravansahra.com   cyrusetemadi@yahoo.com, etemadi@cyrussahra.com
Organisiert verschiedene Ausflüge, unter anderem auch botanische Touren.

Estonian Nature Tours
www.naturetours.ee   info@naturetours.ee
Estnischer Veranstalter von botanischen und anderen Touren.

Greentours
www.greentours.co.uk   enquiries@greentours.co.uk
Bietet eine große Auswahl an botanischen und naturhistorischen Touren an.

Iberian Wildlife Tours
www.iberianwildlife.com   teresa@iberianwildlife.com
Bietet verschiedene Touren in blumenreiche Gebiete in Spanien und Portugal an.

Journey Latin America
www.journeylatinamerica.co.uk   sales@journeylatinamerica.co.uk
Bietet ein paar wenige botanische Touren in Südamerika an.

Natural History Travel
www.naturalhistorytravel.co.uk   bobgibbons@btinternet.com
Kleines Programm mit botanischen und naturhistorischen Touren.

Nature Quest New Zealand
www.naturequest.co.nz   nature@naturequest.co.nz
Bietet Touren im Fiordland-Nationalpark an.

Naturetrek
www.naturetrek.co.uk   info@naturetrek.co.uk
Bietet eine Vielzahl verschiedener Touren an, unter anderem auch in speziell blumenreiche Gebiete.

The Travelling Naturalist
www.naturalist.co.uk   info@naturalist.co.uk
Die Touren dieses Veranstalters sind vor allem ornithologisch ausgerichtet, einige beschäftigen sich auch mit der Pflanzenwelt.

Wildlife Travel
www.wildlife-travel.co.uk   wildlifetravel@wildlifebcnp.org
Bietet eine gute Auswahl an botanischen und naturhistorischen Touren an.

Literatur

Aeschimann, David & al. *Flora Alpina. Ein Atlas sämtlicher 4500 Gefässpflanzen der Alpen.* Haupt Verlag, Bern. 2004.

Akeroyd, John. *The historic countryside of the Saxon Villages of southern Transylvania.* Fundatia ADEPT, Saschiz, Rumänien. 2006.

Biek, David. *Flora of Mount Rainier National Park. Oregon State.* University Press, Corvallis. 2000.

Darrow, Katherine. *Wild About Wildflowers. Extreme botanising in Crested Butte.* Heel and Toe Publishing, Fort Collins, Colorado. 2006.

Faber, Phyllis. *California's Wild Gardens.* University of California Press, Berkeley. 2005.

Farino, Teresa & Lockwood, Mike. *Traveller's Nature Guide: Spain.* OUP, Oxford. 2003.

Fielding, John & Turland, Nicholas J.; Mathew, Brian (ed.). *Flowers of Crete.* Royal Botanic Gardens. 2008.

Gerber, Emanuel & al. *Flora der Voralpen.* Haupt Verlag, Bern. 2010

Gibbons, Bob. *Traveller's Nature Guide: Greece.* OUP, Oxford. 2003.

Gibbons, Bob. *Traveller's Nature Guide: France.* OUP, Oxford. 2003.

Gibbons, Bob. *Wild France.* New Holland Publishers, UK. 2009.

Gurche, Charles. *Washington's Best Wildflower Hikes.* Westcliffe Publishers, Colorado. 2004.

Holubec, V. & Krivka, P. *The Caucasus and its Flowers.* Loxia, Prag. 2006.

Irwin, Pamela & David. *Colorado's Best Wildflower Hikes 3: San Juan Mountains.* Westcliffe Publishers, Colorado. 2006.

Jepson, Tim. *Wild Italy.* Sheldrake Press, London. 1994.

Joyce, Peter. *Flower Watching in the Cape.* Struik, Cape Town. 2004.

Lauber, Konrad & al. *Flora Helvetica.* 5. Auflage. Haupt Verlag, Bern. 2012.

Manning, John. *Field Guide to Fynbos.* Struik, Kapstadt. 2007.

Nevill, Simon. *Traveller's Guide to the Parks and Reserves of Western Australia.* Simon Nevill Publications, Fremantle, Australien. 2001.

Richards, John. *Mountain Flower Walks: The Greek Mainland.* Alpine Garden Society, Pershore. 2008.

Salmon, John. *A Field Guide to the Alpine Plants of New Zealand.* Godwit Publishing, Auckland. 1992.

Speta, Elise & Rakosy, Laszlo. *Wildpflanzen Siebenbürgens.* Plöchl Druck GmbH, Freistadt. 2010.

Sterner, Rikard. *Ölands Kärlväxtflora.* Förlagstjänsten, Stockholm. 1986.

Stewart, Jon Mark. *Mojave Desert Wildflowers.* Jon Stewart Photography, Albuquerque. 1998.

Wartmann, Beat A. *Die Orchideen der Schweiz. Ein Feldführer.* Haupt Verlag, Bern. 2008.

Wetschnig, Ulrike & Wolfgang. *Zur Flora und Vegetation des Südlichen Afrika: Das Namaqualand.* In: Carinthia II. Klagenfurt. 1991.

Orchideen Mitteleuropas. App für iPhone, iPod touch und iPad. Erhältlich in iTunes.

Register

A
Abendblüte 130
Abies
  amabilis (Dougl. ex Loud.) Dougl. ex J. Forbes 46
  cilicica (Antoine & Kotschy) Carrière 115
  lasiocarpa (Hook.) Nutt. 167
  nebrodensis (Lojac.) Mattei 91
  pinsapo (Boiss.) 53
Abisko-Nationalpark, Schweden 20
Abronia villosa S. Watson 178, 180
Acacia
  karoo Hayne 136, 137
  pulchella R. Br. 158
Acinos
  alpinus (L.) Moench. 78
  arvensis (Lam.) Dandy 24
Aciphylla aurea W. R. B. Oliv. 160
Aconitum L. spp. 140, 153
  lycoctonum subsp. *vulparia* (Rchb. ex Spreng.) Nyman 42, 46
  septentrionale Koelle 23
Actaea rubra (Aiton) Willd. 162
Adonis L. spp. 112
  annua L. 101
  vernalis L. 24, 41, 66, 97
Adonisröschen 66, 112
  Frühlings- 24, 41, 66, 97
  Herbst- 101
Aethionema saxatile (L.) R.Br. 101
Affodill, Weißer 51
Agama atra 123
Agapanthus campanulatus F.M.Leight. 139
Agrostemma githago L. 84
Aizoaceae 18, 122, 123, 130, 137
Ajuga
  genevensis L. 38
  orientalis L. 101
  pyramidalis L. 92
  reptans L. 92

Akelei 42, 46, 78
  Rocky-Mountain- 182
  Schwarze 92
Alces alces 165
Alchemilla L. spp. 23
Alepidea peduncularis Steud. ex A. Rich. 120
Algarve, Portugal 54
Alkanna Tausch sp. 98
  lehmannii (Tineo) A. DC. 104
  tinctoria (L.) Tausch 90
Alkanna, Färber- 90, 104
Alkannawurzel 98
Allium L. spp. 52, 146
  karataviense Regel 146
  pendulinum Ten. 86
  schoenoprasum L. 18, 28, 46
  triquetrum L. 18
  ursinum L. 58
Aloe 120
  Bischofsmützen- 137
  Drachenbaum- 123, 125, 131
  Kap- 137
Aloe L. spp. 120
  dichotoma Masson 123, 131
  ferox Mill. 137
  perfoliata L. 137
Alpenazalee 62
Alpenhelm 46
Alpenrose
  Rostblättrige 73
  Zwerg- 74, 75, 78, 93
Alpenstrandläufer 17
Alpenveilchen 89, 102, 105, 109, 110
  Zimmer- 116
Alstroemeria
  ligtu L. 186
  pelegrina L. 184
Alyssoides utriculata (L.) Moench 69
Alyssum L. spp. 117
  akamassicum B. L. Burtt 116
Amaryllisgewächse 184

Amelanchier ovalis Medik. 41
Amsinckia Lehm. spp. 178
Anacamptis pyramidalis (L.) Rich. 41, 69, 104
Anarthrophyllum andicola Phil. 184
Anchusa
  cespitosa Lam. 106
  italica L. 53
Andalusien, Spanien 52
Andersonia echinocephala (Stschegl.) Druce 158
Andromeda polifolia L. 23
Androsace L. spp. 37, 51, 65, 74, 146
  alpina (L.) Lam. 73
  bulleyana Forrest 152
  maxima L. 84
  spinulifera R. Knuth 152
  villosa L. 144
Anemone 85, 106, 109, 152, 162
  Hügel- 58, 61
  Kronen- 104, 105, 106, 109, 116
  Monte-Baldo- 51, 78
  Pfauen- 102, 104
Anemone L. spp. 85
  apennina L. 86
  baldensis L. 51, 78
  biflora DC. 144
  caucasica Rupr. 140
  coronaria L. 104, 106, 116
  heldreichii Boiss. 106
  hepatica L. 27, 28, 41, 85, 86
  nemorosa L. 27, 28, 41
  palmata L. 52
  pavonina Lam. 100, 102
  ranunculoides L. 27, 28
  sylvestris L. 28, 58, 61
Angelica archangelica L. 21
Anthemis L. spp. 17, 82, 104
  plutonia Meikle 117
Anthericum liliago L. 33, 46, 69
Anthropoides paradisea 131

Anthyllis
  montana L. 38
  vulneraria subsp. *vulneraria* L. 18, 24, 51, 52
Antilocapra americana 170
Antirrhinum majus L. 57
Anza-Borrego State Park, Kalifornien USA 178
Aphyllanthes monspeliensis L. 38
Apocynaceae 139
Aptosimum
  indivisum Burch. 131
  procumbens (Lehm.) Steud. 136
Aquila chrysaetos 32, 37, 167
Aquilegia L. spp. 42, 46, 78
  atrata W. D. J. Koch 92
  caerulea James 182
  olympica Boiss. 110
Arabis purpurea Sibth. & Sm. 117
Arenaria L. spp. 37
  marschlinsii W. D. J. Koch 73
  norvegica subsp. *norvegica* 12
  purpurascens Ramond ex DC. 47
Argali (Riesenwildschaf) 146
Aristolochia L. spp. 104
Armeria maritima (Mill.) Willd. 18
Arnica L. spp. 162
  latifolia Bong. 166
  montana L. 75
Asparagus officinalis L. 18
Aspe, Amerikanische 182
Asphodeline lutea (L.) Rchb. 90
Asphodelus albus Mill. 51
Aster
  Alpen- 71, 78, 81
  Gold- 58, 69
Aster L. spp. 166
  alpinus L. 71, 78
  farreri W. W. Sm. & Jeffrey 151
  linosyris (L.) Bernh. 58, 69
  souliei Franch. 152
  tansaniensis W. Lippert 120
Asteraceae 151, 160
Astragalus L. spp. 98, 146
  angustifolius Lam. 104
  cruckshanksii Griseb. 184
  massiliensis Lam. 57
Astrantia major L. 45, 71

Aubrieta
  columnae Guss. 89
  deltoidea (L.) DC. 99, 104
Augentrost 21
Aurikel 62
Äußere Hebriden, Großbritannien 10, 14
Azalee, Pontische 110
Azolla monatha Clos ex Gay 184

B

Babiana Ker Gawl. ex Sims spp. 130, 132
Baldrian
  Berg- 78
  Kleiner 92
Balsamorhiza sagittata (Pursh) Nutt. 162
Banksia L. f. spp. 154
Banksie 158
Bärenkamille 125
Bärlauch 58
Barlia robertiana (Loisel.) Greuter 102, 116
Bartfaden 162, 182
  Davidsons 167
  Felsen- 167
Bartsia alpina L. 46
Bartsie, Breitblättrige 86, 98
Beaufortia heterophylla Turcz. 158
Beinbrech 14
Bellevalia
  dubia (Guss.) Rchb. 102
  hackelii Freyn 54
Beloperone californica Benth. 178
Berkheya echinacea Burtt Davy 120
Besenginster 18
Betula aetnensis Raf. 91
Binsen 150
Binsenlilie 38
Birke, Ätna- 91
Biscutella frutescens Coss. 53
Blasenschötchen 69
Blaukissen 89
  Griechisches 101, 106
Bläuling
  Alexis- 89
  Geißklee- 97
Blaumerle 91

Blaustern 51, 54, 102, 106, 111, 140
  Alpenveilchen- 110, 111
  Frühlings- 18, 19
  Natal- 139
  Zweiblättriger 101, 112
Blumennessel 184
Bockshornklee 98, 102, 104
Bokkefeld, Südafrika 128
Bombus distinguendus 17
Borya constricta Churchill, T. B. Muir & Sinkora 156
Botaurus stellaris 31
Botrychium lunaria (L.) Sw. 14
Brachyglottis bellidioides (Hook. f.) B. Nord. 160
Brachystegia Benth. spp. 120
Brandkraut
  Purpurrotes 53
  Strauchiges 98
Brassica tournefortii Gouan. 180
Braunbär 110, 146
Braunelle, Gewöhnliche 16
Breitsame 69
  Großblütige 66
  Strahlen- 66
Brimeura amethystina (L.) Chouard 42
Bromus erectus Huds. 61
Buche 32, 41, 46, 82, 92
  Orient- 142
Buchsbaum 41
Bulbinella Kunth spp. 130
  latifolia Kunth 128
Bulbocodium vernum L. 66
Buphthalmum salicifolium L. 71
Burren, Irland 12
Büschelschön 170, 172, 174, 178
  Rainfarn- 170
Buschmannskerzen 131
Buxus sempervirens L. 41

C

Cabo de São Vicente, Portugal 54
Caiophora coronata Hook. & Arn. 184
Calandrinia
  affinis Gillies ex Arn. 184
  polyandra Benth. 156
Calceolaria
  campanae Phil. 186

corymbosa Ruiz & Pav. 184
Calidris alpina 17
Callianthemum kernerianum A. Kern. 78
Calluna vulgaris (L.) Hull 19
Calochortus apiculatus Baker 162
Caltha
   leptosepala DC. 162
   palustris L. 51
Calytrix Labill. spp. 154
   depressa (Turcz.) Benth. 156
Campanula L. spp. 33, 34, 62, 74, 93, 97, 104, 109, 110, 140
   bononiensis L. 69
   glomerata L. 78, 92
   topaliana subsp. *delphica* Phitos 98
   uniflora L. 21
Capparis L. spp. 102
Cardamine L. spp. 46
   bulbifera (L.) Crantz 41
   enneaphyllos (L.) Crantz 92
   pentaphyllos (L.) Crantz 41
Carduus nutans L. 34, 66
Carex L. spp. 151
Carpodacus erythrinus 31
Carrizo Plain National Monument, Kalifornien USA 8, 170
Cassiope D. Don spp. 21, 23
   mertensiana (Bong.) D. Don 162, 166
Castilleja Mutis ex L. f. spp. 10, 174, 182
   parviflora Bong. 166, 167
   rupicola Piper 167
Caulanthus inflatus S. Watson 170
Causses, Frankreich 38
Cedrus
   brevifolia (Hook. f.) A. Henry 117
   libani A. Rich. 115
Celmisia
   semicordata Petrie 161
   sessilifolius Hook. f. 160
Centaurea L. spp. 32, 53, 102, 140
   cyanus L. 84, 89
   montana L. 34
   spinosa L. 104
   triumfettii All. 78
   veneris (Sommier) Bég. 116

Centranthus DC. spp. 52
   ruber (L.) DC. 98
Cephalaria pungens Szabó 120
Cephalipterum drummondii A. Gray 156
Cephelanthera longifolia (L.) Fritsch 24, 28, 41
Cerastium
   candidissimum Correns 98
   pumilum Curtis 24
Ceratocephalus falcatus (L.) Pers. 112
Cercidium floridum Benth. ex Gray 178
Cercis siliquastrum L. 98, 102
Cevennen, Frankreich 38
Chamaemelum nobile (L.) All. 18
Chamaespartium sagittale (L.) P. Gibbs 51, 94
Chamerion latifolium (L.) Holub 182
Charadrius hiaticula 14, 17
Chilopsis linearis (Cav.) Sweet 178
Chionodoxa (Scilla) lochiae Meikle 117
Chlorophytum Ker Gawl. spp. 123
Chorizema aciculare (DC.) A. Gardner 158
Christophskraut, Rotfrüchtiges 162
Christrose 93
Chrysanthemum segetum L. 14
Cirsium palustre (L.) Scop. 24
Cistus
   ladanifer L. 57
   palhinhae Ingram 57
Claytonia lanceolata Pall. ex Pursh 162, 182
Clematis
   alpina (L.) Mill. 73, 92
   columbiana (Nutt.) Torr. & A. Gray 162
   integrifolia L. 97
Clematopsis uhehensis (Engl.) Hutch. ex Staner & Léonard 120
Clintonia uniflora (Menzies ex Schult. & Schult. f.) Kunth 162
Clintonie, Einblütige 162
Codonopsis clematidea C. B. Clarke 146
Coeloglossum viride (L.) Hartm. 21
Colchicum L. spp. 98, 102
   autumnale L. 93, 111

luteum Baker 146
triphyllum Kunze 112
Comperia comperiana (Steven) Aschers. & Graebner 105
Conostylis R. Br. spp. 154
Convallaria majalis L. 27, 28, 32, 41, 81, 92
Convolvulus
   cneorum L. 90
   tricolor L. 52
Corallorhiza striata Lindl. 162
Coreopsis L. spp. 170, 174
Cornus
   canadensis L. 162
   suecica L. 23
   unalaschkensis Ledeb. 162
Coronilla
   globosa Lam. 109
   valentina L. 55
   varia L. 94
Corvus corax 167
Corydalis
   schanginii (Pall.) B. Fedtsch. var. *ainii* 146
   sewerzowii Regel. 146
   wendelboi Lidén 112
Crassulaceae 137
Cremanthodium brunneopilosum S. W. Liu 151
Crepis
   rubra L. 101, 102
   terglouensis (Hacq.) A. Kern 92
Crested Butte, Colorado USA 10, 182
Crocosmia aurea Planch. 139
Crocus L. spp. 85, 106
   alatavicus Regel & Semenow 146
   cyprius Boiss. & Kotschy 117
   scharojanii Rupr. 111
   serotinus Salisb. subsp. *asturicus* (Herbert) M. Laínz 48
   vallicola Herb. 111
Cyclamen L. spp. 89, 102, 105, 109
   coum Mill. 110
   persicum Mill. 116
Cynorkis anacamptoides Kraenzl. 120
Cypripedium L. spp. 152
   calceolus L. 31, 32, 33
   montanum Douglas ex Lindl. 162
   passerinum Richardson 162

Cytisus
  nigricans L. 94
  scoparius (L.) Link 18

D

Daboecia cantabrica (Huds.) K. Koch 51
Dachwurz 37
Dactylorhiza Neck. ex Nevski spp. 24, 46, 51, 92, 140
  ebudensis (Wief.) P. Delforge 17
  fuchsii (Druce) Soó 37, 38, 92
  hebridensis (Wilmott) Aver. 17
  incarnata (L.) Soó 17
  maculata (L.) Soó 14, 37
  majalis (Rchb.) P. F. Hunt & Summerh. subsp. *alpestris* Pugsl. (K. Sengh.) 37, 42
  romana (Sebast.) Soó 86, 116
  sambucina (L.) Soó 24, 37, 42, 84, 86
Dampiera R. Br. spp. 154
Daphne L. spp. 62
  petraea Leyb. 78
  sericea Vahl 106
Darwinia Rudge spp. 158
Dasiphora fruticosa (L.) Rydb. 12, 165
Daucus carota L. subsp. *maritimus* (Lam.) Batt. 18
Deichhummel 17
Delphi, Griechenland 98
Delphinium L. spp. 153, 162, 170
  barbeyi (Huth) Huth 182
  leroyi Franch. ex Huth 120
Dianthus L. spp. 34, 46
  deltoides L. 51
  sylvestris Wulf. 37
Diapensia lapponica L. 23
Diascia Link & Otto 130
Dickhornschaf, Nelsons 178, 180
Dictamnus albus L. 34, 61, 97
Dierama dracomontanum Hilliard 139
Digitalis L. spp. 81
  lutea L. 46
Dionysia Fenzl spp. 144
  bryoides Boiss. 144, 146
  cristagalli Lidén 145
  iranshahrii Wendelbo 145
  lurorum Wendelbo 145
  michauxii Boiss. 145
  mozaffarianii Lidén 145
  zschummelii Lidén 145
Dionysie 144
Dipodomys ingens 170
Diptam 34, 58, 61, 97
  Kretischer 99
Disa P. J. Bergius spp. 132
  uniflora P. J. Bergius 135
  welwitschii Rchb. f. 120
Distel 51
  Nickende 34, 66
Diuris corymbosa Lindl. 158
Dodecatheon jeffreyi Van Houtte 166
Dolomiten, Italien 74
Donatia novae-zelandiae Hook. f. 161
Doppelhörnchen 130
Doronicum pardalianches L. 89
Dost, Diptam- («Kretischer Diptam») 109
Dotterblume
  Sumpf- 51
  Westamerikanische 162
Draba bryoides DC. 140
Drachenkopf, Nordischer 71
Dracocephalon ruyschiana L. 71
Drosera L. spp. 14, 154
  madagascariensis DC. 120
Dryandra R. Br. spp. 154
Dryas
  drummondii Richards. 162
  octopetala L. 12, 21, 47, 62, 162, 182
Duftsiegel, Sternförmiges 182

E

Echinops L. spp. 120
Echium L. spp. 52
  albicans Lag. & Rodr. 52
  plantagineum L. 90, 104
  russicum J. F. Gmel. 97
  vulgare L. 38, 62, 92
Écrin-Nationalpark, Frankreich 34
Edelweiß 37, 71
  Neuseeland- 161
Ehrenpreis 78, 92
  Österreichischer 33, 61
Einbeere, Vierblättrige 28, 32, 51
Eisblattgewächse 137
Eisenhut 140, 153
  Fuchs- 42, 46
  Wolfs- 21, 23
Elch 20, 31, 165
Elfensporn 130
Elytropappus rhinocerotis Less. 128
Encelia farinosa A. Gray ex Torr. 178
Engelwurz, Echte 21
Enzian 32, 33, 37, 71, 72, 73, 110, 140, 151, 153, 182
  Arktischer 182
  Chinesischer Herbst- 153
  Clusius- 33, 51, 62, 71, 78
  Frühlings- 12, 47, 51, 62, 71
  Gelber 34, 37, 78
  Schnee- 21
  Stängelloser 75
  Wellensittich- 151
Ephedra campylopoda C. A. Mey. 102
Epipogium aphyllum Sw. 23
Eranthis cilicica Schott & Kotschy 112
Erbse 52
Eremaea Lindl. 154
Eremalche
  parryi Greene 170
  rotundifolia (A. Gray) Greene 178
Eremostachys Bunge spp. 146
Eremurus M. Bieb. spp. 130, 144, 146
  lactiflorus O. Fedtsch. 146
  olgae Regel 146
  regelii Vved. 146
Erica L. spp. 132
  cinerea L. 19
  perspicua J. C. Wendl. 135
  sicula Guss. 90
  vagans L. 19
Ericaceae 120, 132
Erigeron aureus Greene 167
Erinacea anthyllis Adans. 53
Eriophorum L. spp. 37
Eritrichium nanum (L.) Gaudin 9, 65, 73, 77
Eryngium creticum Lam. 104
Erythronium
  grandiflorum Pursh 166, 182
  montanum S. Watson 166
Eschscholzia californica Cham. 170, 177, 178
Esparsette, Futter- 34, 62, 65, 84, 94

Eucalyptus 154
Eucalyptus preissiana Schauer 158
Eulychnia castanea Phil. 184
Euphorbia L. spp. 123
   acanthothamnos Heldr. & Sart. ex Boiss. 104
   cyparrisias L. 92
   dendroides L. 102
   dregeana E. Mey. 125
   nematocypha Hand.-Mazz. 152
   veneris M. L. S. Khan 117
Euphrasia L. spp. 21
Euplectes psammocromius 120

F
Fackellilie 120, 139
   Drakensberg- 138
Fagus orientalis Lipsky 142
Fahnenwicke 165
Federgras 69
Fedia cornucopiae L. 90
Fedie, Füllhorn- 90
Feinstrahlaster 167
Felicia Cass. spp. 130
Felsagame 123
Felsenbirne, Gewöhnliche 41
Felsenblümchen 140
Felsenteller, Pyrenäen- 45, 46
Ferula communis L. 109
Fettblattgewächse 137
Fetthenne 37
Fettkraut 45, 75
   Großblütiges 12
Fichtenspargel, Echter 41
Filipendula
   ulmaria (L.) Maxim. 70
   vulgaris Moench 27, 94
Fingerhut 81
   Gelber 46
Fingerkraut 33, 58, 62, 72, 140
   Dolomiten- 78, 93
   Gletscher- 72
   Strauch- 12, 24, 165
Fischotter 17
Flachschildkröte 123
Fleckdistel, Milch- 90
Flockenblume 32, 53, 116, 140
   Berg- 34
   Bunte 78

Dornige 104
Föhre 33
Fouquieria splendens Engelm. 178
Frauenmantel 23
Frauenschuh 28, 32, 33, 152, 162
   Berg- 162, 165
Frauenspiegel, Gewöhnlicher 84
Fritillaria L. spp. 84, 109, 112, 140
   davisii Turrill 102
   graeca Boiss. & Spruner 101
   hispanica Boiss. & Reut. 53
   imperialis L. 144
   latifolia Willd. 111
   persica L. 144
   pontica Wahlenb. subsp. *substipelata* Candargy 105
   pyrenaica L. 42
   reuteri Boiss. 144
   sewerzowii Regel 146
   stenanthera (Regel) Regel 146
   zagrica Stapf 144
Fritillarie, Sporn- 146
Fynbos, Südafrika 132

G
Gabelbock 170
Gagea Sal. spp. 85, 102, 106, 111, 112, 140
Gaillardia aristata Pursh 165
Galactites tomentosa (L.) Moench 90
Galanthus L. spp. 102, 140
   elwesii Hook. f. 105, 112
   koenenianus Lobin, Brickell & Davis 110
Galium L. spp. 32
   verum L. 16, 94
Gämsheide 62
Gämswurz, Kriechende 89
Gardasee, Italien 78
Gargano, Italien 86
Gastrolobium R. Br. spp. 158
Gauklerblume 178
   Klebrige 167
Gazania Gaertn. spp. 123, 130
Gazanie 123, 130
Gedenkemein, Kaukasus- 110
Geißklee, Schwarzwerdender 94
Gelbspötter 31

Gelbstern 85, 102, 106, 111, 112, 140, 142
Genista
   acanthoclada DC. 98
   pilosa L. 18
   radiata (L.) Scop. 78
   tinctoria L. 94
Gentiana L. spp. 37, 110, 182
   acaulis L. 75
   algida Pall. 182
   angulosa M. Bieb. 140
   clusii E. P. Perrier & Songeon 33, 51, 62, 71, 78
   farreri Balf. f. 151
   lutea L. 34, 78
   nivalis L. 21
   sino-ornata Balf. f. 153
   verna L. 12, 47, 62, 71
Geraea canescens Torr. & Gray 178
Geranium L. spp. 24, 102
   cinereum Cav. 47
   incanum Burm. f. 120
   macrorrhizum L. 101
   phaeum L. 42, 92
   psilostemon Ledeb. 110
   sanguineum L. 12, 18, 51
   sylvaticum L. 21, 31, 32, 34
   viscosissimum Fisch. & C. A. Mey. 165
Germer, Grünlicher 140
Geum
   pyrenaicum Mill. 46
   reptans L. 65, 75
   rivale L. 23, 28, 92
Gilia Ruiz & Pav. 177
Ginster 53
   Behaarter 18
   Dorniger 98
   Färber- 94
   Flügel- 51, 94
   Strahlen- 78
Gladiole 130
   Primel- 120
Gladiolus L. spp. 130, 132
   dalenii Van Geel 120
   triphyllus (Sm.) Ker Gawl. 116
Glanzheide, Irische 51
Glaucium flavum Crantz 104
Glaucopsyche alexis 89

Glebionis coronaria (L.) Cass. ex
  Spach 90, 116
Glischrocaryon flavescens (J. Drumm.)
  Orchard 154
Globularia L. spp. 33, 93
  repens Lam. 46
  Glockenblume 33, 34, 62, 74, 93, 97,
    98, 104, 109, 110, 140, 146
    Bologneser 69
    Geknäuelte 78, 92
Glockenheide, Graue 19
Goegap, Südafrika 122
Goldkrokus 91, 102
  Gelber 98, 105
Goldprimel 75
Goldregen, Alpen- 69, 81
Goldregenpfeifer 23
Gortenia diffusa Thunb. 11
Götterblume, Hohe 166
Granatapfel, Gelber 137
Graslilie
  Astlose 33, 46, 69
  Traubige 69
Grasnelke, Strand- 18, 19
Grevillea R. Br. ex Knight spp. 154
Grielum humifusum Thunb. 123
Grünlilien 123
Grus grus 31
Günsel
  Genfer 38
  Kriechender 92
  Orientalischer 101
  Pyramiden- 92
Gymnadenia
  conopsea (L.) R. Br. 21, 92
  gabasiana 45
Gymnogyps californianus 174

H
Haastia pulvinaris Hook. f. 160
Habenaria occlusa Summerh. 120
Hahnenfuß 33, 42, 86, 112, 117, 151, 161,
  162
  Gletscher- 23, 65, 75
  Platanenblättriger 34
  Seguiers 33
Hakea Schrad. spp. 154, 158
  cucullata Sweet 158
  prostrata R. Br. 158

Halichoerus grypus 17
Halimium commutatum Pau 57
Händelwurz, Mücken- 21, 92
Hartriegel
  Kanadischer 162
  Schwedischer 21, 23
Hasenglöckchen 8, 9
  Gemeines 18, 19
  Spanisches 52, 54
Hauhechel 74
  Kriechende 14
  Rundblättrige 33
Heckenkirsche 146, 150
Heckenrose, Alpen- 78
Hedysarum L. spp. 151
Heide, Cornwall- 19
Heide, Sizilianische 90
Heidekraut 19
Heidekrautgewächse 78, 120, 132
Helianthella quinquenervis (Hook.) A.
  Gray 182
Helianthemum Mill. spp. 46, 92
  apenninum (L.) Mill. 38
  canum (L.) Baumg. 12, 24, 38
  nummularium (L.) Mill. 38
  nummularium var. *roseum* (Willk.)
    G. López 47
  oelandicum (L.) DC. subsp. *oelandi-
    cum* 24
Helichrysum herbaceum Sweet 120
Heliophila Burm. f. ex L. spp. 131
Helleborus L. spp. 81, 110
  niger L. 93
Herbstzeitlose 93, 111, 112
Herzblatt, Sumpf- 37, 42
Hesperantha Ker Gawl. spp. 130
  pauciflora (Baker) G. J. Lewis 131
Hesperocallis undulata A. Gray 178
Heuchera cylindrica Douglas ex
  Hook. 162
Hibbertia Andrews spp. 154
Himantoglossum hircinum (L.)
  Spreng. 34
Himbeere, Nutka- 162
Himmelsherold 9, 65, 73, 75
Himmelsleiter, Klebrige 182
Hippocrepis comosa L. 33, 61
Hippolais icterina 31
Hochlandmangabe 120

Hohlzunge, Grüne 21
Homopus signatus 123
Hornklee, Gewöhnlicher 16, 42
Hornköpfchen, Sichelfrüchtiges 112
Hornkraut 98
  Niedriges 24
Hornmohn, Gelber 104
Hufeisenklee 33, 61
Huflattich 142
Hundsgiftgewächse 139
Hundskamille 17, 82, 104
Hundswurz, Pyramiden- 41, 104
Hundszahn, Großblütiger 166, 182
Hyacinthoides
  hispanica (Mill.) Rothm. 54
  non-scripta (L.) Chouard ex
    Rothm. 18, 52
Hymenoxys grandiflora (Torr. & A.
  Gray ex A. Gray) K. L. Parker 182
Hyoseris L. spp. 89
Hyssopus officinalis subsp. *canescens*
  (DC.) Nyman 69

I
Iberis
  pruitii Tineo 91
  semperflorens L. 90
Ibis, Heiliger 131
Igelpolster 53
Immenblatt 41, 51, 81
Immergrün, Krautiges 98
Impatiens L. spp. 120, 153
Incarvillea zhongdianensis Grey-
  Wilson 152
Indianerpinsel 10, 166, 174, 182
Inkalilie 186
  Gewöhnliche 186
  Los-Molles- 184
Ionopsidium acaule (Desf.) Rchb. 57
Iridaceae 132
Iris 41, 86, 89, 101, 109, 112, 144, 146
  Juno- 146
  Spanische 52
Iris L. spp. 101
  bulleyana Dykes 152
  galatica Siehe 112
  kolpakowskiana Regel 146
  latifolia (Mill.) Voss 42
  lycotis Woronow 144

orchioides Carrière 146
planifolia (Mill.) Fiori & Paol. 52
pseudopumila Tineo 91
sibirica L. 70
subdecolorata Vved. 146
tianschanica (Maxim.) Vved. 146
xiphium L. 52
Isopogon R. Br. ex Knight spp. 154
latifolius R. Br. 158

J

Jaborosa laciniata Hunz. & Barbosa 184
Jaborose, Schlitzblättrige 184
Jasione L. spp. 51
Jubea chilensis (Molina) Baill. 184
Judasbaum 98, 102
Julische Alpen, Slowenien 92
Juncus L. spp. 151
Juniperus L. spp. 81, 115
foetidissima Willd. 117
Junkerlilie 90

K

Kafferntrappe 120
Kaiserkrone
 Persische 144
 Spanische 53
Kakteen 184, 186
Kalandrinie 184
Kamille, Römische 18
Kängururatte, Riesen- 170
Kantabrien, Spanien 48
Kapaster 130
Kapernbusch 102
Kaphyazinthe 123
Kappenmohn, Kalifornischer 170, 174, 177, 178
Kappenwurz 110
Kapuzinerkresse, Vielblättrige 184
Karmingimpel 31
Karoo-Akazie 136, 137
Karoo-Veilchen 131, 136
Kaukasus, Georgien 140
Kegelrobbe 17
Keraudrenia hermanniifolia J. Gay 154
Kerzenstrauch, Kalifornischer 178
Kiefer 27, 38, 46, 117, 142

Taurische 117
Kipunji-Affe 120
Kitulo-Nationalpark, Tansania 120
Klappertopf 32, 62, 65, 74, 92, 94
 Großer 48, 51
Klee 18, 32, 42, 62
 Weiß- 16
 Wiesen- 14, 16
Klette, Gelbe 178
Knabenkraut 17, 24, 37, 42, 46, 51, 90, 92
 Affen- 58
 Alpen- 42
 Blasses 69
 Branciforts 91
 Brand- 38, 45, 51
 Dreiknolliges 52
 Fadenförmiges 105
 Fleischfarbenes 17
 Fuchs' 38, 92
 Geflecktes 14
 Heiliges 104
 Helm- 24, 28, 32, 38, 94
 Holunder- 24, 27, 42, 84
 Italienisches 52, 54, 102
 Kleines 18, 28, 38, 51, 86, 89
 Langes 52
 Männliches 12, 24, 27, 32, 38
 Punktiertes 116
 Purpur- 33, 38
 Roberts 102, 116
 Römisches 86, 116
 Rundes 110
 Schmetterlings- 51, 52, 86, 89
 Schwärzliches 69
 Syrisches 116
 Vierpunkt- 101
 Wanzen- 69
 Wenigblütiges 106
Kniphofia Moench 139
 brachystachya (Zahlbr.) Codd 138
 paludosa Engl. 120
Knöterich, Schlangen- 34, 62
Kohl, Sahara- 180
Kokardenblume, Prärie- 162, 165
Kolkrabe 167
Kondor, Kalifornischer 174
Königskerze 34, 98
 Windblumen- 84

Kornblume 82, 84, 89
Kornrade 84
Kranich 31, 131
Kratzdistel, Sumpf- 24
Kreta, Griechenland 104, 106
Kreuzblume 24, 27, 33
 Gewöhnliche 38
 Große 94, 97
 Kalk- 38
Kreuzdorn 110
Krokus 84, 93, 98, 101, 102, 105, 106, 111, 112
Kronwicke
 Bunte 94
 Valencia- 57
Küchenschelle 8, 41, 51, 62, 140, 167
 Alpen- 33, 62
 Berg- 66
 Frühlings- 62
 Gewöhnliche 24, 61
 Hallers 33
 Rote 38
 Wiesen- 24, 28
Kugelblume 33, 93
 Kriechende 46
Kugeldistel 120
Kugelorchis 78
Kunzea montana (Diels) Domin 158
Kwongan-Heide, Australien 154, 158

L

Labkraut 32
 Echtes 14, 16, 94
Laburnum alpinum (Mill.) Bercht. & J. Presl 69, 81
Lachenalia J. Jacq. ex Murray spp. 123
Lambertia uniflora R. Br. 158
Lamium garganicum L. 89, 101, 106
Lampenputzergras, Afrikanisches 180
Landkärtchenflechte 72
Lapeirousia Pourr. spp. 123, 130
Lärche 62, 73
Larix decidua Mill. 62
Lasthenia minor (DC.) Ornduff 170, 172, 174
Lathraea squamaria L. 27, 31
Lathyrus
 tuberosus L. 34

vernus (L.) Bernh. 31
Lauch 86, 146
  Blauzungen- 146
  Dreikantiger 18
  Hängender 86
Lauchgewächse 184
Läusekraut 23, 42, 46, 74, 110, 146, 151, 167
  Farnblättriges 72, 73
  Quirlblättriges 51
Layia platyglossa (Fisch. & C. A. Mey.) A. Gray 170
«Lebende Steine» 122, 136, 137
Leberblümchen 27, 28, 41, 82, 85, 87
Lechenaultia macrantha K. Krause 156
Legousia speculum-veneris (L.) Chaix 84
Leimkraut 54
  Farbiges 52, 104
  Klippen- 18, 19
  Nelken- 69
  Stängelloses 65, 162, 182
Lein 94
  Madonien- 91
Leinkraut, Gewöhnliches 84
Leontice leontopetalum L. 112
Leontopodium alpinum Cass. 37, 71
Lesbos, Griechenland 104
Leucadendron R. Br. spp. 132
Leucanthemum vulgare Lam. 18, 24, 32, 42, 62, 92
Leucogenes grandiceps (Hook. f.) Beauverd 160
Leucojum trichophyllum Schousb. 57
Leucorchis albida (L.) E. Mey. 21
Leucospermum R. Br. spp. 132, 135
  cordifolium (Salisb. ex Knight) Rourke 135
Levkojen 54, 102, 104
Lichtblume 66
Lichtnelke 62
  Elisabeths 78
  Jupiter- 34
  Kuckucks- 16
  Rote 18, 23
  Weiße 84
Lilie 78, 111, 140
  Columbia- 167

  Feuer- 34, 62, 74
  Krainer 92
  Pyrenäen- 45
  Schalen- 165
Lilium L. spp. 78, 140, 152
  bulbiferum L. 34, 62, 74
  carniolicum W. D. J. Koch 92
  columbianum Leichtlin ex Duch. 167
  martagon L. 34, 71, 78
  philadelphicum L. 165
  pyrenaicum Gouan 45
Linanthus dichotomus Benth. 174, 177
Linaria vulgaris Mill. 84
Linnaea borealis L. 27
Linum L. spp. 94
  punctatum Presl 91
Lithodora
  rosmarinifolia (Ten.) I.M.Johnst 90
  zahnii (Heldr. ex Halácsy) I. M. Johnst. 102
Lithospermum L. spp. 33
Lizard-Halbinsel, Cornwall GB 18
Lobelia mildbraedii Engl. 120
Loiseleuria procumbens (L.) Desv. 62
Lonicera L. spp. 146, 150
Lotus corniculatus L. 16, 42
Lotwurz 38, 98, 106, 117
Löwenmaul, Großes 57
Löwentrapp 112
Luetkea pectinata (Pursh) Kuntze 10, 166
Lungenkraut 51
  Echtes 27
Lupine 8, 10, 102, 164, 166, 167, 170, 174, 182
Lupinus L. spp. 10, 102, 165, 166, 170, 182
  benthamii A. Heller 174
Lütkea, Westamerikanische 10, 166
Lutra lutra 17
Lychnis
  flos-cuculi L. 16
  flos-jovis L. 34

M

Macrotomia D. C. spp. 146
Mädchenauge 170, 174
Mädesüß 70

  Kleines 27, 94, 97
Maianthemum bifolium (L.) F. W. Schmidt 27, 41
Maiapfel, Himalaja- 152
Maiglöckchen 27, 28, 31, 32, 41, 81, 92
Malacothrix glabrata (A. Gray ex D. C. Eaton) A. Gray 178
Mandel, Niedrige Kirsch- 98, 106
Mänderle, Blaues 74, 78
Mani, Griechenland 102
Mannsschild 37, 51, 65, 74, 146, 152
  Acker- 84
  Alpen- 73
  Großer 84
  Zottiger 144
Margerite 18, 24, 32, 42, 62, 92
Marmota
  caligata 165, 166
  flaviventris 182
Matthiola R. Br. spp. 54, 102, 104
Meconopsis
  integrifolia (Maxim) Franch. 151
  prattii Prain 152
  punicea Maxim. 151
  quintuplinervia Regel 151
  racemosa Maxim. 151
Medicago marina L. 104
Meerträubel, Krummstiel- 102
Melaleuca L. spp. 154
  suberosa (Schauer) C. A. Gardner 158
Melampyrum L. spp. 27, 97
Melittis melissophyllum L. 41, 51, 81
Mentzelia pectinata Kellogg 170, 172
Milchstern 52, 102, 105, 111, 112
Mimetes hirtus (L.) Salisb. ex Knight 132
Mimulus L. spp. 178
  lewisii Pursh 167
  tilingii Regel var. *caespitosus* (Greene) A. L. Grant 167
Mistel, Rotfrüchtige 52
Mittagsblume 123, 130, 136
Mittagsblumengewächse 18
Mohavea confertiflora (A. DC.) Heller 178, 180
Mohn 8, 84, 89, 90, 104
  Ernest Mayers Alpen- 92
  Klatsch- 17, 82, 84

Rätischer Alpen- 74
Spanischer 53
Möhre, Wilde 18
Mondraute, Echte 14
Moneses uniflora (L.) A. Gray 41
Monolopia lanceolata Nutt. 170, 172
Monotropa hypopitys L. 41
Montbretien, Gold- 139
Monte Baldo, Italien 78
Monte Tombea, Italien 78
Monti Sibillini Nationalpark, Italien 82
Monticola solitarius 91
Moosglöckchen 27
Moosheide, Krähenbeerblättrige 162, 166
Moraea Mill. spp. 123, 132
callista Goldblatt 120
tanzanica Goldblatt 120
Mormonentulpe 162
Mosesdorn 158
Mount Rainier, Washington State USA 8, 10, 11, 166
Murmeltier
Eisgraues 165, 167
Gelbbauch- 182
Muscari L. spp. 57, 101, 112, 115, 140, 144
comosum (L.) Mill. 170
Myosotis alpestris F. W. Schmidt 74
Myrtengewächse 154
Myrtenheide 154

N

Nadelkissen 154
Namaqua-Wüste, Südafrika 9, 10, 11, 24
Narcissus L. spp. 78
obesus Salisb. 54, 57
papyraceus Ker Gawl. 52
poeticus L. 32, 78, 84, 86
pseudonarcissus L. 41
Narthecium ossifragum (L.) Huds. 14
Narzisse 9, 51, 52, 57, 78, 85, 102 32, 41, 78, 84, 86
Reifrock- 54
Weihnachts- 52
Nashornbusch 128
Nastanthus agglomeratus Miers. 184

Natternkopf 52, 94
Gewöhnlicher 38, 62, 92
Wegerich- 104
Wegerichblättriger 90
Nectarinia famosa 120
Nektarvogel, Malachit- 120
Nelke 34, 46
Heide- 51
Stein- 37
Nelkenwurz
Bach- 23, 28, 92
Kriechende 65, 75
Pyrenäen- 46
Neotinea maculata (Desf.) Stearn 12, 89, 116
Neotis denhami 120
Neottia nidus-avis (L.) Rich. 41
Nestwurz 41
Neuseeland 160
Nieswurz 81, 110
Nieuwoudtville, Südafrika 128
Notothlaspi rosulatum Hook. f. 160

O

Oberengadin, Schweiz 62
Ochsenzunge 53
Oenothera deltoides Torr. & Frém. 178, 180
Ohnhorn 52, 86
Öland, Schweden 11, 24, 28
Omphalodes cappadocica DC. 110
Onobrychis viciifolia Scop. 34, 62, 84, 94
Ononis L. spp. 74
repens L. 14
rotundifolia L. 33
Onosma L. spp. 38, 98, 106
troodi Kotschy 117
Ophrys sp. 38, 61, 86
apifera Huds. 38, 52, 116
aymoninii (Breistr.) Buttler 38
bornmuelleri M. Schulze 116
elegans (Renz) H. Baumann & Künkele 116
ferrum-equinum Desf. 102
garganica E. Nelson ex O. Danesch & E. Danesch 86
holoserica subsp. *apulica* (O. Danesch & E. Danesch) Buttler 86

insectifera L. 38
kotschyi H. Fleischm. & Soó 117
lacaitae Lojac. 90
lapethica Gölz & H. R. Reinhard 116
lunulata Parl. 90
lutea Cav. 102
oestrifera M. Bieb. 102
reinholdii H. Fleischm. 102
sipontensis R. Lorenz & Gembardt 86
speculum Link 54
spruneri Nym. 102
Orchidee 109, 110, 116, 117, 120, 121, 125, 131, 132, 138, 139, 158, 162, 182
Orchis
anthropophora (L.) All. 52, 86
brancifortii BIV. 91
champagneuxii Barnéoud 52
coriophora L. 69
italica Poir. 52, 54, 102
langei K. Richt. 52
mascula (L.) L. 12, 24, 32, 38
militaris L. 24, 28, 32, 38, 94
morio L. 18, 28, 38, 51, 86
pallens L. 69
papilionacea L. 51, 52, 86
pauciflora Ten. 106
punctulata Steven ex Lindl. 116
purpurea Huds. 38
quadripunctata Cyr. ex Ten. 101
sancta L. 104
simia Lam. 58
syriaca Boiss. ex H. Baumann & Künkele 116
troodi (Renz) P. Delforge 117
ustulata L. 38, 45, 51, 69
Orchis
Blassgelbe 69
Wanzen- 69
Ordesa-Nationalpark, spanische Pyrenäen 46
Origanum dictamnus L. 109
Oriolus oriolus 31
Orlaya grandiflora (L.) Hoffm. 66
Ornithogalum L. spp. 102, 105, 111, 112
reverchonii Lange 52
Orobanche L. spp. 104
alba Willd. 18
cypria Reut. 117

Orothamnus zeyheri Pappe ex Hook. 135
Oryx gazella 123
Osmussar, Estland 28
Osterglocke 41, 52
Osterluzei 104
Ostpontisches Gebirge, Türkei 110
Ovis
　ammon 146
　canadensis nelsoni 180
Oxalis L. spp. 132
Oxyria digyna (L.) Hill 23
Oxytropis
　monticola A. Gray 165
　splendens Douglas 162, 165

P
Pachypodium namaquanum (Wyley ex Harv.) Welw. 123
Paederota bonarota (L.) L. 74, 78
Paeonia L. spp. 53, 86, 105
　broteroi Boiss. & Reut. 52
　clusii Stern & Stearn 106
　mascula (L.) Mill. 91
　officinalis L. 78
　veitchii Lynch 151
　wittmanniana Hartwiss ex Lindl. 110
Palme, Honig- 184
Pancratium maritimum L. 104
Pankrazlilie, Dünen- 104
Pantoffelblume 184, 186
Papaver L. spp. 84, 89, 90, 104
　alpinum subsp. *ernesti-mayeri* Markgr. 92
　lapeyrousianum Gutermann 47
　nigrotinctum Fedde 104
　rhaeticum Leresche ex Gremli 74
　rhoeas L. 17, 84
　rupifragum Boiss. & Reut. 53
Paradisea liliastrum (L.) Bertol. 46, 78
Paraquilegia anemonoides Ulbr. 146, 149
Parentucellia latifolia (L.) Caruel 86, 98
Paris quadrifolia L. 28, 32, 51
Parnass, Griechenland 98
Parnassia palustris L. 37, 42
Pärnu, Estland 28

Paukenschlegel 154, 158
Pedicularis L. spp. 23, 42, 46, 74, 110, 146, 151, 167
　asplenifolia Willd. 72, 73
　cranolopha Maxim. 153
　verticillata L. 51
Pelargonium 123
Pennisetum setaceum (Forssk.) Chiov. 180
Penstemon Schmidel spp. 162, 182
　albertinus Greene 162
　davidsonii var. *menziesii* (D. D. Keck) Cronquist 167
　rupicola (Piper) Howell 167
Petagnaea gussonei (Sprengel) Rauschert 91
Petagnie 91
Petasites georgicus Manden. 142
Petrocallis pyrenaica (L.) R. Br. 47
Pfingstrose 53, 81, 86, 91, 105, 109
　Brotero- 52
　Echte 78, 81
　Veitchs 151
　Weiße 106
　Wittmanns 110
Phacelia fremontii Torr. 172
Phacelia Juss. spp. 170, 174, 178
Phacelia tanacetifolia Benth. 170
Phaenocoma prolifera (L.) D. Don 135
Phlomis
　fruticosa L. 98
　purpurea L. 53
Phoca vitulina 17
Phyllachne
　colensoi (Hook. f.) Berggr. 161
　rubra (Hook. f.) Cheeseman 161
Phyllodoce
　empetriformis (Sm.) D. Don 162, 166
　glanduliflora (Hook.) Coville 162
Physoplexis comosa (L.) Schur 74, 78
Phyteuma L. spp. 42, 46, 62, 74, 78
　hemisphaericum L. 73
　orbiculare L. 33, 51, 76
Piano Grande, Italien 82
Picos de Europa, Spanien 48
Pinguicula L. spp. 75
　grandiflora Lam. 12, 45
　longifolia Ramond ex DC. 45

Pinus
　nigra subsp. *pallasiana* (Lamb.) Holmboe 117
　sylvestris L. 33
Pippau
　Roter 101, 102
　Triglav- 92
Pirol 31
Pisum sativum L. 52
Placea arzae Phil. 184, 186
Plantago media L. 92
Platanthera oligantha Turcz. 21
Platterbse
　Frühlings- 31
　Knollen- 34
Plebejus argus 97
Pluvialis apricaria 23
Podophyllum hexandrum Royle 152
Polemonium viscosum Nutt. 182
Polsternelke, Kiesel- 73
Polygala L. spp. 24, 27, 33
　calcarea F. W. Schultz 38
　major Jacq. 94
　vulgaris L. 38
Polygonatum Mill. spp. 33, 41, 46
　multiflorum (L.) All. 28
　odoratum (Mill.) Druce 28, 92
Polygonum bistorta L. 34, 62
Populus tremuloides Michaux 182
Potentilla L. spp. 33, 62, 140, 151
　frigida Vill. 72
　fruticosa L. 24
　nitida L. 78, 93
Preiselbeere 21
Primel 72, 110, 144
　Karnevals- 110
　Klebrige 72, 73
　Kugel- 110
　Mehl- 24, 31, 37
　Parry- 182
　Zwerg- 72, 74
Primula L. spp. 37, 45, 62, 140, 150, 152
　amoena M. Bieb. 110
　auricula L. 62
　auriculata Lam. 111
　elatior (L.) Hill. 45, 62, 92
　farinosa L. 24, 31, 37
　glutinosa Wulf. 10, 72, 73
　minima L. 72, 74

parryi A. Gray 182
secundiflora Franch. 153
veris L. 12, 24, 28, 45, 51, 74, 85
veris subsp. *macrocalyx* (Bunge) Lüdi 140
vulgaris Huds. 18, 110
vulgaris subsp. *sibthorpii* (Hoffmanns.) W. W. Sm. & Forrest 110
Protea L. spp. 120, 132, 139
 aristata Phillips 137
 roupelliae L. 139
Protea, Karminrote 137
Proteaceae 132, 135
Prunella vulgaris L. 16
Prunus
 prostrata Labill. 101, 106
 spinosa L. 24, 66
Psorothamnus Rydb. spp. 178
Psychrophila obtusa (Cheeseman) W. A. Weber 161
Pulmonaria spp. L. 51
 officinalis L. 27
Pulsatilla Mill. spp. 51
 alpina (L.) Delarbre 33, 62
 halleri (All.) Willd. 33
 montana (Hoppe) Rchb. 66
 occidentalis (S. Watson) Freyn. 167
 rubra Delarbre 38
 vernalis (L.) Mill. 62
 violacea Rupr. 140
 vulgaris Mill. 24, 61
 vulgaris var. *costeana* Aichele & Schwegler 41
Puppenorchis 86
Purpurglöckchen, Walzen- 162
Pyrenäen 42, 46
Pyrola L. spp. 33, 62
 norvegica Knaben 21

R
Rafinesquia neomexicana A. Gray 178
Ragwurz 61, 90, 102
 Apulische 86
 Aymonins- 38
 Bienen- 38, 52, 116
 Bornmüllers 116
 Bremsen- 102
 Fliegen- 38
 Gargano- 86
 Gelbe 102
 Halbmond- 90
 Hufeisen- 102
 Kleine Spinnen- 38, 86
 Kotschys 117
 Lacaitas 90
 Reinholds 102
 Siponto- 86
 Spiegel- 54
 Spruners 102
 Zierliche 116
Rainiera stricta Greene 167
Ramonda pyrenaica Rich. 45, 46
Ranunculus L. spp. 23, 24, 86, 151
 asiaticus L. 116
 cadmicus var. *cyprius* Boiss. 117
 eschscholtzii Schltdl. 162
 glacialis L. 23, 65, 75
 gouanii Willd. 42
 kykkoensis Meikle 117
 lyalii Hook. f. 161
 plalanifolius L. 34
 seguieri Vill. 33
Ranunkel 116
Raoulia Hook. f. ex Raoul spp. 160, 161
 eximia Hook. f. 160
 grandiflora Hook. f. 160
Rapunzel, Halbkugeligen 73
Rhamnus L. spp. 110
Rhigozum obovatum Burch 137
Rhinanthus L. spp. 32, 62, 74, 92, 94
 serotinus (Schönh) Oborny subsp. *asturicus* Laínz 51
Rhizocarpum geographicum (L.) DC. 72
Rhodanthe Lindl. spp. 154
Rhodiola rosea L. 23
Rhododendron 23, 110, 111, 150, 152
 Alaska- 23
 Kaukasus- 110
Rhododendron L. spp. 110, 111, 152
 albiflorum Hook. 167
 caucasicum Pall. 110
 ferrugineum L. 73
 lapponicum (L.) Wahlenb. 23
 luteum Sweet 110
Rhodohypoxis baurii Nel 139
Rhodohypoxis 139

Rhodothamnus chamaecistus (L.) Rchb. 74, 78, 93
Richtersveld, Südafrika 122
Riemenzunge, Bocks- 34
 Riesenfenchel 109
Rindsaugen 71
Ritterlilie 186
Rittersporn 120, 153, 162, 170, 182
Rocky Mountains, USA 11, 162, 182
Rohrdommel 31
Romulea Maratti spp. 106, 130
 sabulosa Schltr. ex Bég. 130
Rosa pendulina L. 78
Rosenwurz 23
Rosmarin 54
Rosmarinheide, Polei- 23
Rosmarinus officinalis L. 54
Rotfuchs, Kaskadengebirgs- 166
Rubus parviflorus Nutt. 162
Rungwecebus kipunji 120

S
Salbei
 Nickender 97
 Wiesen- 33, 34, 37, 92, 94
Salix L. spp. 21
Salomonssiegel 33, 41, 46
 Echtes 92
 Vielblütiges 28
Salvia
 nutans L. 97
 pratensis L. 33, 34, 92, 94
Sandersonia aurantiaca Hook. 138
Sandglöckchen 51
Sandkraut 37
 Marschlinsis 73
 Norwegisches 12
 Rosafarbenes 47
Sandkrokus 106, 130
Sandregenpfeifer 14, 17
Saponaria
 caespitosa DC. 45
 calabrica Guss. 102
 ocymoides L. 38
Sarcocaulon crassicaule S. E. A. Rehm 131
Satyrium Sw. spp. 132
 erectum Sw. 131
Sauerklee 8, 132

Säuerling 23
Saxifraga L. spp. 23, 46, 47, 51, 52, 65, 74, 93, 106, 140, 146, 149
   aizoides L. 23
   bronchialis L. 162
   granulata L. 24, 51, 86
   longifolia Lapeyr. 45, 47
   oppositifolia L. 23, 47
   paniculata Mill. 81
   ruprechtiana Manden. 140
Scabiosa L. spp. 34, 140
Scaevola L. spp. 154
Schachblume 42, 84, 85, 102, 105, 109, 111, 112, 140
Schafsteppich 160, 161
Schattenblümchen, Zweiblättriges 27, 41
Schaumblüte, Einblättrige 162
Scheinhyazinthe, Amethyst- 42
Scheinmohn
   Gelbhaariger 151
   Roter 151
   Stachliger 152
   Teppich- 151
Schizanthus grahamii Gillies 184
Schleifenblume
   Pruitis 91
   Thyrrhenische 90
Schlüsselblume 58
   Frühlings- 12, 24, 28, 31, 45, 51, 74, 85, 140
   Hohe 45, 62, 92
   Klebrige 10
   Stängellose 18, 110
Schmuckblume, Kerners 78
Schmucklilie 139
Schneckenklee, Strand- 104
Schneeglanz, Zyprischer 117
Schneeglöckchen 102, 110, 112, 140
   Großblütiges 8, 105, 112
   Koenen- 110
Schnittlauch 18, 28, 46
Schoenia Steetz spp. 154
Schopfteufelskralle 74, 78
Schuppenheide 21, 23
   Weiße 162, 166
Schuppenwurz 27
Schwalbenwurz, Weiße 27, 33, 92
Schwarzdorn 24, 66

Schwarzwurzel, Niedrige 27, 31
Schweinssalat 89
Schwertlilie
   Englische 42
   Sibirische 70
   Zwerg- 89
Schwertliliengewächse 132
Scilla L. spp. 102, 106, 140
   bifolia L. 101, 112
   liliohyacinthus L. 51
   natalensis Plans. 139
   rosenii K. Koch 111
   siberica Haw. subsp. *armena* 111
   verna Huds. 18
   vincentina Link & Hoffmanns. 54
Scorzonera humilis L. 27, 31
Securigera globosa (Lam.) Lassen 109
Sedum L. spp. 37
Seehund 17, 186
Seggen 31, 151
Seidelbast 62
   Berg- 106
   Felsen- 78
Seifenkraut 45
   Kalabrisches 102
   Rotes 38
Sempervivum L. spp. 37
Serapias L. spp. 52
   cordigera L. 51
Serruria Burm. ex Salisb. spp. 132
Siebenbürgen, Rumänien 10, 94
Siebenstern 27
Sierra de Grazalema, Spanien 52
Silberbaum 132
Silberbaumgewächse 154
Silbereiche 154
Silberwurz 12, 21, 47, 62, 162, 182
   Gelbe 162
Silene L. spp. 62
   acaulis (L.) Jacq. 65, 162, 182
   armeria L. 69
   colorata Poir. 52, 104
   dioica (L.) Clairv. 18, 23
   elisabethae Jan 78
   exscapa All. 73
   latifolia Poir. 84
   littorea Brot. 54
   uniflora Roth 18
Simethis planifolia Gren. & Godr. 51

Simsenlilie, Gewöhnliche 92
Skabiosen 34, 140
Smilacina stellata (L.) Desf. 182
Soldanella L. spp. 62, 74
   alpina L. 47
Solidago
   multiradiata Aiton var. scopulorum A. Gray 166
   simplex subsp. *simplex* var. *nana* (Gray) Ringius 166
Sommerwurz 104
   Weiße 18
Sonnenfreund 131
Sonnenröschen 46, 92
   Apenninen- 38
   Gewöhnliches 38, 47
   Graues 12, 24, 38
   Öland- 24
Sonnentau 14, 120, 154
Spaltblume, Abgestumpfte 184
Sparaxis Ker Gawl. 130
Spargel, Gemüse- 18
Speergras, Goldenes 160
Spermophilus lateralis 166
Sphenotoma squarrosa G. Don 158
Spiersträucher 150
Spießbock 123
Spiraea L. spp. 150
Spitzorchis 69
Spornblume 52
   Rote 98
Springkraut 120, 153
Stachys L. spp. 110
   alpina L. 34
   canescens Bory & Chaub. 102
   circinata L'Hér. 53
   recta L. 34
   swainsonii Benth. 98
Stechginster
   Französischer 18, 19
   Kleinblütiger 54, 57
Steinadler 32, 37, 46, 167
Steinbrech 23, 46, 47, 51, 52, 65, 73, 74, 93, 106, 140, 146, 149
   Fetthennen- 23
   Gegenblättriger 23, 47
   Knöllchen- 24, 51, 86
   Matten- 162
   Pyrenäen- 45, 46, 47

Trauben- 81
Steinglocke 102
Steinkraut 117
Steinquendel
   Alpen- 78
   Feld- 24
Steinsame 33, 102
   Rosmarinblättrige 90
Steinschmückel 47
Steintäschel, Felsen- 101
Stellera chamaejasme L. 151, 152
Stellula calliope 167
Steppenkerze 130, 144, 146
Sternbergia lutea (L.) Ker-Gawl. ex Spreng. 91, 98, 105
Sternbergia Waldst. & Kit. spp. 102
Sterndolde 45, 71
Sternelfe 167
Steveniella satyroides (Sprengel) R. Schlechter 110
Stiefmütterchen, Gewöhnliches 17
Stipa pennata L. 69
Stolz des Tafelbergs 135
Storchschnabel 34, 102, 110, 120, 165
   Armenischer 110
   Blut- 12, 18, 51
   Brauner 42, 92
   Felsen- 101
   Grauer 47
   Wald- 21, 31, 32, 34
Strohblume 120
   Silberne 156
Stubaier Alpen, Österreich 72
Südtirol, Italien 74
Sus scrofa 146
«Süßer Dorn» 136
Süßklee 151
Symphyandra A. DC. spp. 102

T

Tamariksen 180
Tamarix L. spp. 180
Tanne 142
   Felsengebirgs- 167
   Kilikische 115
   Nebrodi- 91
   Purpur- 46
   Spanische 53
Taubnessel, Gargano- 89, 101, 106

Taurus-Gebirge, Türkei 8, 112
Teufelskralle 42, 46, 62, 65, 74, 78
   Kugelige 33, 51, 78
Thalictrum L. spp. 74, 102
   aquilegifolium L. 46
   flavum L. 70
   simplex L. 70
Thelymitra variegata Lindl. ex Benth. 158
Thermopsis barbata Benth. 152
Threskiornis aethiopicus 131
Thymian 92, 116
Thymus L. spp. 92
   integer Griseb. 116
Tiarella unifoliata Hook. 162
Tibet 150, 152
Tigerglocke 146
Tofieldia calyculata (L.) Wahlenb. 92
Tragant 98, 146
   Marseille- 57
   Schmalblättriger 104
Traubenhyazinthe 57, 101, 112, 115, 140, 144
   Schopfige 170
Traunsteinera
   globosa (L.) Rchb. 78
   sphaerica (M. Bieb.) R. Schlechter 110
Trespe, Aufrechte 61
Trichterlilie, Weiße 46, 78
Trientalis europaea L. 27
Trifolium L. spp. 18, 32, 42, 62
   pratense L. 16
   repens L. 16
Trigonella L. spp. 98, 102, 104
Tristagma bivalve (Lindl.) Traub. 184
Troddelblume 62, 74
   Gewöhnliche Alpen- 47
Trollblume 32, 51, 110, 140, 149, 162
   Europäische 23, 32, 46, 51, 78, 92
Trollius L. spp. 110, 140
   albiflorus (A. Gray) Rydb. 162
   altaicus C. A. Mey. 149
   europaeus L. 23, 32, 46, 51, 78, 92
   wardii 152
Tropaeolum polyphyllum Cav. 186
Tulipa L. spp. 146
   biebersteiniana Schult. f. 144
   biflora Pall. 144

   bifloriformis Vved. 146
   cypria Stapf in Turrill 116
   doerfleri Gand. 99
   greigii Regel 146
   kaufmanniana Regel 146
   montana Lindl. 144
   sylvestris subsp. *australis* (Link) Pamp. 41, 89
   systola Stapf 144
   tarda Stapf 146
Tulpe 102, 105, 106, 109, 112, 116, 146, 146, 149
   Dörflers 109
   Südalpine 39, 89
Türkenbund 34, 37, 71, 78
Tussilago farfara L. 142

U

Ulex
   gallii Planch. 18, 19
   parviflorus Pourr. 57
Upupa epops 91
Ursinia cakilefolia DC. 123, 125
Ursus arctos 146

V

Vaccinium vitis-idaea L. 21
Valeriana
   dioica L. 92
   montana L. 78
Veilchen 62
   Gelbes 110
   Hain- 28
   Horn- 42
   Karoo- 131, 136
Velleia rosea S. Moore 156
Veratrum lobelianum Bernh. 140
Verbascum L. spp. 32, 98
   phlomoides L. 84
Vercors-Massiv, Frankreich 32, 34
Vergissmeinnicht 65
   Alpen- 74
   Wald- 31
Veronica L. spp. 78, 92
   austriaca L. 33, 61
   ponae Gouan. 46
Verticordia DC. spp. 154
Vicia L. spp. 98
   cracca L. 16

melanops Sm. 86
onobrychioides L. 34
tenuifolia Roth 84, 94
Vinca
　difformis Pourr. 52
　herbacea Waldst. & Kit. 98
Vincetoxicum hirundinaria Medik. 27, 33, 92
Viola L. spp. 24, 62
　cornuta L. 42
　lutea Huds. 110
　riviniana Rchb. 28
　tricolor L. 17
Viscum cruciatum Sieber ex Boiss. 52
Vitaliana primuliflora Bertol. 75
Vulpes vulpes cascadensis 166

W
Wachendorfia Burm. spp. 132
Wacholder 81, 115
　Stinkender Baum- 117
Wachtelweizen 27, 97
Wahlenbergia albomarginata Hook. f. 160
Waitzia nitida (Lindl.) Paul G. Wilson 156
Waldrebe
　Alpen- 73, 92
　Columbia- 162
　Ganzblättrige 97
Waldvögelein, Schwertblättriges 24, 28, 41
Waldwurz, Gefleckte 12, 89, 116
Waterton Lakes Nationalpark, Kanada 162
Watsonia Mill. spp. 132
　lepida N. E. Br. 139
Watsonie 132
Wegerich, Mittlerer 92
Weidenröschen, Arktisches 182
Weihnachtsglöckchen 138
Weißzüngel 21
Wicke 98
　Esparsetten- 34
　Feinblättrige 84, 94
　Grünblütige 86
　Vogel- 16
Wida, Reichenow- 120
Widerbart, Blattloser 23

Wiedehopf 91
Wiesenraute 74, 102
　Akeleiblättrige 46
　Bauhins 70
　Gelbe 70
Wildschwein 146
Winde
　Dreifarbige 52
　Silber- 90
Windröschen 144
　Apenninen- 86
　Busch- 27, 28, 41
　Gelbes 27, 28
　Großes 28, 31, 58, 61
　Kaukasus- 140
　Tiroler 78
Wintergrün 21, 33, 62
　Einblütiges 41
Winterling, Türkischer 8, 112, 115
Witsenia maura Thunb. 132
Wohlverleih, Berg- 75
Wolf 110
Wolfsmilch 123, 125, 152
　Baumartige 102
　Dornbusch- 104
　Zypressen- 92
Wollgras 37
Wucherblume
　Kronen- 90, 116
　Saat- 14
Wundklee
　Berg- 38
　Echter 18, 19, 24, 51, 52
Wüstenweide 178

X
Xerophyllum tenax (Pursh) Nutt. 162
Xyris obscura N. E. Br. 120
Xysmalobium 139

Y
Ysop 69
Yucca brevifolia Engelm. 177

Z
Zagros-Gebirge, Iran 144
Zahnwurz 46
　Fünfblättrige 41
　Neunblättrige 92

Zwiebelchen- 41
Zaluzianskya violacea 131
Zeder
　Libanon- 115
　Zypern- 117
Zeitlose 98, 102
　Dreiblättrige 112
Zhongdian, China 152
Ziesel, Goldmantel- 166
Ziest 51, 98, 102
　Alpen- 34
　Aufrechter 34
Zistrose
　Gelbe 54, 57
　Lack- 57
Zuckerbusch, Afrikanischer 139
Zungenständel 52
　Herzförmiger 51
Zwergsonnenblume, Nickende 182
Zypern 116

Bildnachweis

Sämtliche unten nicht aufgeführten Abbildungen
stammen von Bob Gibbons.

Chris Gardner: S. 145 unten, 147, 148, 149, 153
Ian Green: S. 145 oben
Chris Grey-Wilson: S. 150, 151, 152
Fritz Jakob: S. 185, 186 beide, 187
Adrian Möhl: S. 58, 60, 61 alle, 66–71 alle, 90, 91 beide, 136–139 alle
Harald Pauli: S. 72, 73 beide
Ros Salter: S. 121 beide
McPHOTO/Blickwinkel: S. 59